FRANZ JOSEF GRUBER

Formelsammlung für das Vermessungswesen

Achte, bearbeitete
und von
Univ.-Prof. Dr.-Ing. H. J. Meckenstock
durchgesehene Auflage.

Mit 195 Abbildungen.
Dümmlerbuch 7908

FERD. DÜMMLERS VERLAG · BONN

Vorbemerkung zur achten Auflage

Diese Formelsammlung ist in erster Auflage 1986 im Selbstverlag des Verfassers erschienen und wurde 1987 ab der zweiten Auflage vom Dümmler-Verlag herausgegeben. Die sechste Auflage wurde 1993 vollständig neu bearbeitet, erweitert und völlig neu gestaltet. Die übersichtlich und anschaulich gestalteten einzelnen Themen sollen dem Benutzer in Ausbildung und Berufspraxis das Lernen und Praktizieren erleichtern.

Von der Praxis ist auch die Neuauflage überaus freundlich aufgenommen worden, so daß jetzt diese Formelsammlung schon in siebter Auflage erscheint.

In der siebten und achten Auflage, die wiederum Univ.-Prof. Dr.-Ing. H.J. Meckenstock betreute, konnten erneut wichtige Hinweise von Benutzern berücksichtigt werden, für die wir herzlich danken. Damit diese Formelsammlung auch in Zukunft den Anforderungen der Benutzer entspricht, ist der Verfasser für Berichtigungs- und Ergänzungshinweise dankbar.

Dipl.-Ing. (FH) Franz Josef Gruber — Mai 1996

ISBN 3-427-**7908** 8-6

Printed in Germany by Druckhaus Beltz, 69502 Hemsbach

Inhaltsverzeichnis

Allgemeine Grundlagen

Griechisches Alphabet

A, α	Alpha	H, η	Eta	N, ν	Ny	T, τ	Tau
B, β	Beta	Θ, ϑ	Theta	Ξ, ξ	Xi	Y, υ	Ypsilon
Γ, γ	Gamma	I, ι	Jota	O, o	Omikron	Φ, ϕ	Phi
Δ, δ	Delta	K, κ	Kappa	Π, π	Pi	X, χ	Chi
E, ε	Epsilon	Λ, λ	Lambda	P, ρ	Rho	Ψ, ψ	Psi
Z, ζ	Zeta	M, μ	My	Σ, σ	Sigma	Ω, ω	Omega

Mathematische Zeichen - Zahlen

...	und so weiter	$<$	kleiner als	$\sqrt{\ }$	Wurzel aus
$=$	gleich	$>$	größer als	$\sqrt[n]{\ }$	n -te Wurzel aus
$\neq$	ungleich	$\leq$	kleiner oder gleich	Σ,[ ]	Summe von
$\sim$	ähnlich	$\geq$	größer oder gleich	$\lvert a \rvert$	Betrag von *a*
$\approx$	angenähert	Δ	Dreieck	$\overline{AB}$	Strecke *AB*
∞	unendlich	sgn	Signum	$\Rightarrow$	daraus folgt
!	Fakultät	lim	Grenzwert	%	Prozent

$\pi = 3{,}14159265$ e = 2,71828183 $\cong$ Kongruent

DIN Papierformate

DIN Blattgrößen

Grundsätze des Formataufbaus:

Fläche F_0 des Ausgangsformats A0

$F_0 = x \cdot y = 1\ \text{m}^2$
$x : y = 1 : \sqrt{2} \qquad \Rightarrow y = x \cdot \sqrt{2}$

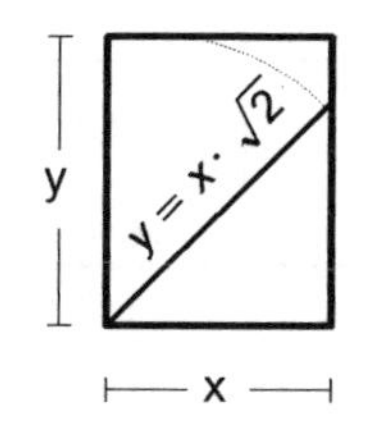

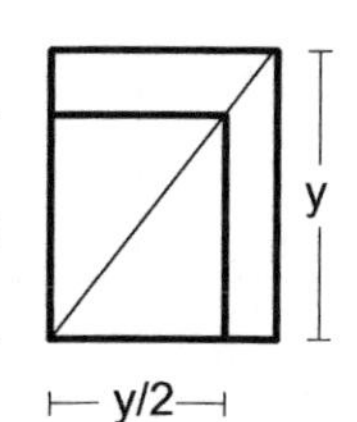

Die Flächen zweier aufeinanderfolgender Formate verhalten sich wie 2 : 1

DIN Blattgrößen [mm]

A0	841 * 1189		
A1	594 * 841	A4	210 * 297
A2	420 * 594	A5	148 * 210
A3	297 * 420	A6	105 * 148

DIN Faltungen auf Ablageformat (nach DIN 476)

1. mit ausgefaltetem, gelochten Heftrand für Ablage mit Heftung

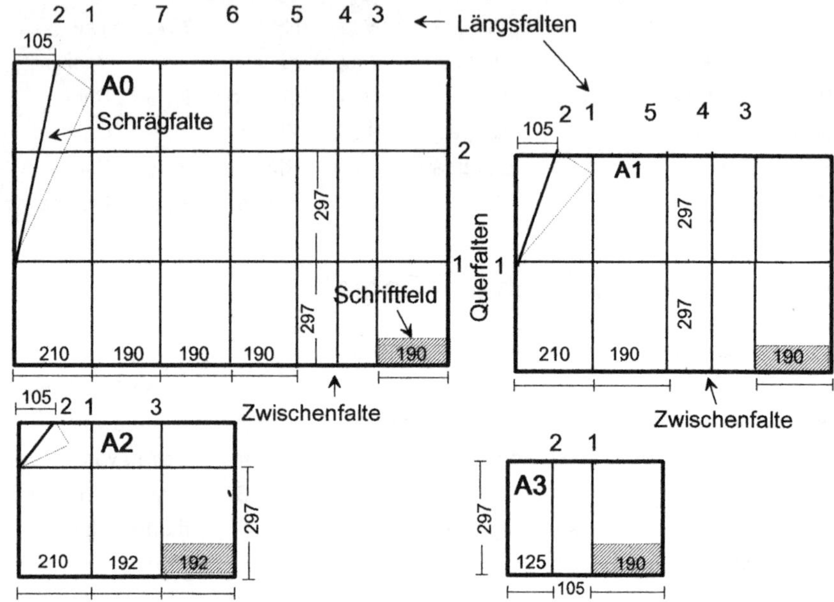

2. zur Ablage ohne Heftung z. B. in Fächern oder Taschen

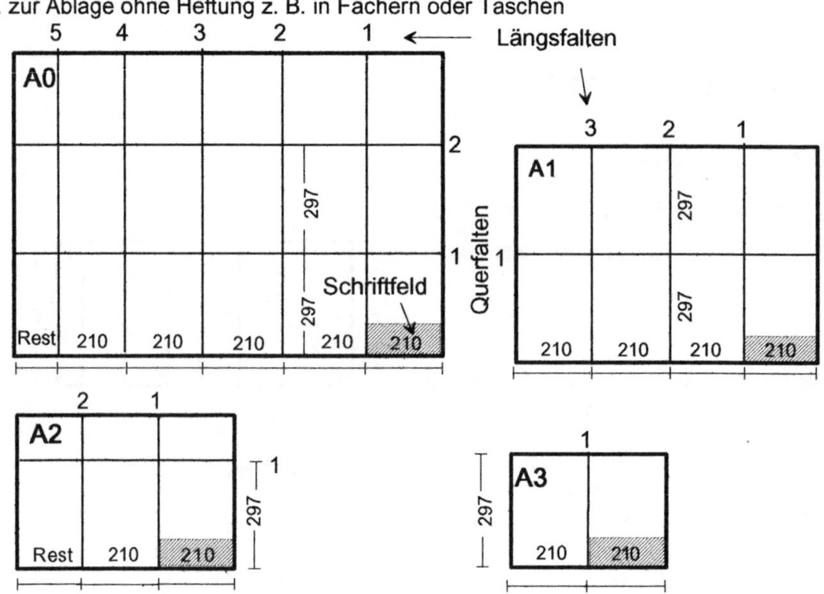

Maßeinheiten und Maßverhältnisse

Definition der Maßeinheiten und ihre Ableitungen

Basiseinheit 1 m

Die Basiseinheit 1 Meter ist auf der 17. Generalkonferenz für Maß und Gewicht 1983 definiert worden als die Länge einer Strecke, die Licht im Vakuum während des Intervalls von 1/299 792 458 Sekunden durchläuft.

Vorsätze und Vorsatzzeichen

Vorsatz	Vorsatzzeichen	Zehnerpotenz
Tera	T	$= 10^{12}$
Giga	G	$= 10^{9}$
Mega	M	$= 10^{6}$
Kilo	k	$= 10^{3}$
Hekto	h	$= 10^{2}$
Deka	da	$= 10^{1}$
Dezi	d	$= 10^{-1}$
Zenti	c	$= 10^{-2}$
Milli	m	$= 10^{-3}$
Mikro	μ	$= 10^{-6}$
Nano	n	$= 10^{-9}$
Piko	p	$= 10^{-12}$

Für das Vermessungswesen wichtige Einheiten

Größe	Einheit	Kurzzeichen
Fläche	Quadratmeter	m^2
Volumen	Kubikmeter	m^3
Ebener Winkel	Radiant	rad (= m/m)
Zeit	Sekunde,Minute, Stunde,Tag	s,min,h,d
Frequenz	Hertz	Hz ($= s^{-1}$)
Kraft	Newton	N ($= kg\ m/s^2$)

Längenmaße

Aus der Längeneinheit **Meter** abgeleitete Längenmaße:

1 000 m	$= 10^{3}$ m	= 1 km	= 1 Kilometer
100 m	$= 10^{2}$ m	= 1 hm	= 1 Hektometer
10 m	$= 10^{1}$ m	= 1 dam	= 1 Dekameter
0,1 m	$= 10^{-1}$ m	= 1 dm	= 1 Dezimeter
0,01 m	$= 10^{-2}$ m	= 1 cm	= 1 Zentimeter
0,001 m	$= 10^{-3}$ m	= 1 mm	= 1 Millimeter

Maßeinheiten und Maßverhältnisse

Flächenmaße

Aus der Flächeneinheit **Quadratmeter** abgeleitete Flächenmaße:

1 000 000 m^2	= 10^6 m^2	= 1 km^2	= 1 Quadratkilometer
10 000 m^2	= 10^4 m^2	= 1 ha	= 1 Hektar
100 m^2	= 10^2 m^2	= 1 a	= 1 Ar
0,01 m^2	= 10^{-2} m^2	= 1 dm^2	= 1 Quadratdezimeter
0,000 1 m^2	= 10^{-4} m^2	= 1 cm^2	= 1 Quadratzentimeter
0,000 001 m^2	= 10^{-6} m^2	= 1 mm^2	= 1 Quadratmillimeter

Raummaße

Aus der Volumeneinheit **Kubikmeter** abgeleitete Raummaße:

0,001 m^3	= 10^{-3} m^3	= 1 dm^3	= 1 Kubikdezimeter = 1 Liter
0,000 001 m^3	= 10^{-6} m^3	= 1 cm^3	= 1 Kubikzentimeter

Winkelmaße

Einheit des Winkels ist der Radiant (rad)

Definition $$\alpha = \frac{b}{r} = \frac{\text{Bogenlänge}}{\text{Radius}}$$

(1 rad = Winkel α *für* $b = r = 1$)

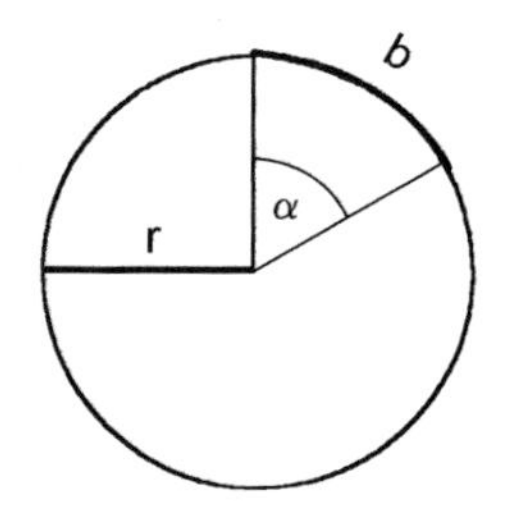

1 Vollwinkel = 2π rad

1 rad $= \frac{180^\circ}{\pi} = \frac{200 \text{ gon}}{\pi}$

Sexagesimalteilung:

1 Vollwinkel	= 360° (Grad)
1 °	= 60 ' (Minuten)
1 '	= 60 " (Sekunden)

Zentesimalteilung:

1 Vollwinkel	= 400 gon (Gon)
1 gon	= 100 cgon (Zentigon)
1 cgon	= 10 mgon (Milligon)

Bezeichnung bei Taschenrechnern:

degree (**DEG**) = Grad grad (**GRAD**) = Gon **RAD** = rad

Umwandlung Grad - Gon - Radiant :

$$1^\circ = \frac{10}{9} \text{ gon} = \frac{\pi}{180^\circ} \text{ rad}$$

$$1 \text{ gon} = 0,9^\circ = \frac{\pi}{200 \text{ gon}} \text{ rad}$$

$$1 \text{ rad} = \frac{180^\circ}{\pi} = \frac{200 \text{ gon}}{\pi}$$

Vermessungstechnisches Sonderzeichen ρ:

$$\rho^\circ = \frac{180^\circ}{\pi} = 57,295779...$$

$$\rho \text{ (gon)} = \frac{200 \text{ gon}}{\pi} = 63,661977...$$

Maßverhältnisse

Maßstab M

$$M = \frac{\text{Kartenstrecke}}{\text{Strecke in der Natur}} = \frac{s_K}{s_N} = \frac{1}{m}$$

m = Maßstabszahl

Strecke in der Natur

$$s_N = s_K \cdot m$$

Maßstabsumrechnung bei Längen

$s_N = s_{K_1} \cdot m_1 = s_{K_2} \cdot m_2$

$$\frac{s_{K_1}}{s_{K_2}} = \frac{m_2}{m_1}$$

Maßstab und Flächen

Fläche in der Natur $F_N = a_N \cdot b_N$

Fläche in der Karte $F_K = a_K \cdot b_K$

$F_N = a_N \cdot b_N = a_K \cdot m \cdot b_K \cdot m$

$$F_N = F_K \cdot m^2$$

m = Maßstabszahl

Maßstabsumrechnung bei Flächen

$F_N = F_{K_1} \cdot m_1^2 = F_{K_2} \cdot m_2^2$

$$\frac{F_{K_1}}{F_{K_2}} = \frac{m_2^2}{m_1^2}$$

Geodätische Koordinatensysteme

Rechtwinklig - ebenes Koordinatensystem

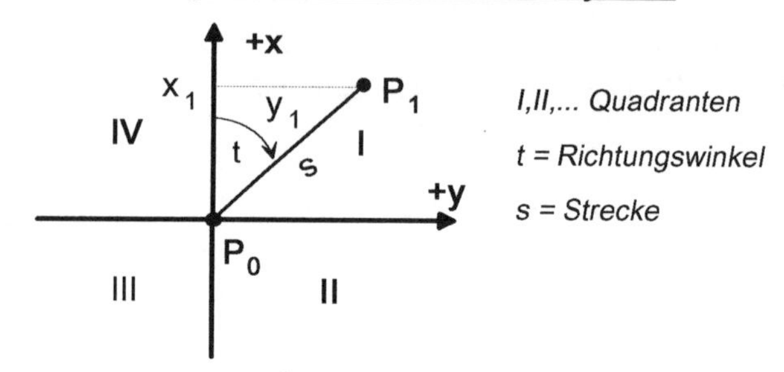

I,II,... Quadranten

t = Richtungswinkel

s = Strecke

Rechtwinklig - sphärisches Koordinatensystem (Soldner - System)

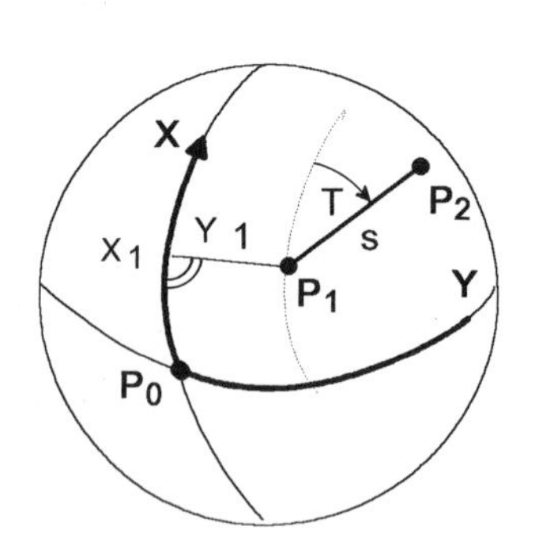

Die Abszissenachse ist ein Meridian durch den Koordinatenanfangspunkt P_0 .

Die **Ordinate *Y*** eines Punktes P_i ist das sphärische Lot von P_i auf die Abszissenachse, die **Abszisse *X*** von P_i ist der Meridianbogen vom Koordinatenanfangspunkt P_0 bis zum Ordinatenlotfußpunkt.

Abszissen und Ordinaten werden längentreu abgebildet.

Gauß - Krüger - Meridianstreifensystem (GK - System)

Das GK-System ist eine winkeltreue Abbildung von Punkten in ein ebenes rechtwinkliges Koordinatensystem für den Bereich von Meridianstreifen.

Die Abszissenachse ist jeweils der Mittelmeridian (Hauptmeridian) eines 3° breiten Meridianstreifens. Mittelmeridiane für das Gebiet der Bundesrepublik Deutschland sind die Meridiane 6°,9°,12° und 15° östlich von Greenwich .
Abszissenanfangspunkt P_0 ist der Schnitt der Abszissenachse mit dem Äquator.

***R* = Rechtswert = Ordinate** = $Y + R_0 + Y^3/6R^2$

R_0 = *Ordinatenwert des Hauptmeridians* = $\lambda_0/3° \cdot 10^6 + 500\,000m$
R = Erdradius 6380 km
λ_0 = *Hauptmeridian (Mittelmeridian)*

***H* = Hochwert = Abszisse**

Die Abszisse wird längentreu abgebildet.

Horizontale Bezugsrichtungen

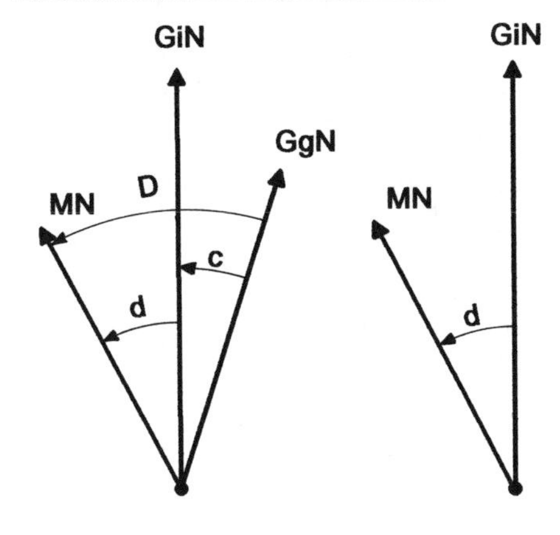

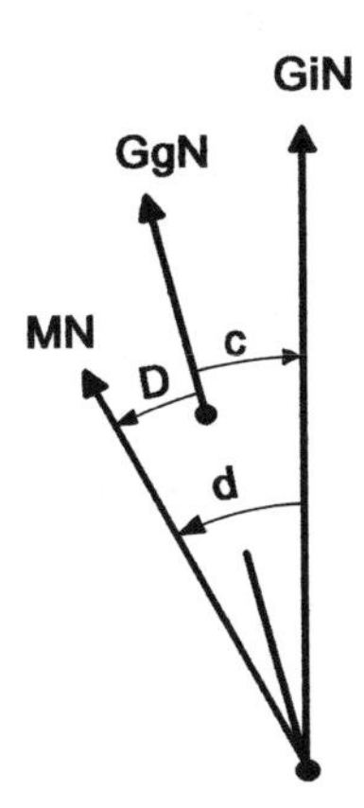

Standpunkt westl. des Meridians	Standpunkt im Meridian	Standpunkt östl. des Meridians

Nordrichtungen

GgN = Geographisch-Nord
(Nördliche Richtung des Meridians)

GiN = Gitter-Nord
(Nördliche Richtung der Parallelen zum Bild des Hauptmeridians durch einen Punkt)

MN = Magnetisch-Nord

Deklination D = Winkel zwischen GgN und MN im Uhrzeigersinn von GgN nach MN

in Deutschland stets westlich vom Meridian

Nadelabweichung = Winkel zwischen GiN und MN im Uhrzeigersinn von GiN nach MN

Meridiankonvergenz c = Winkel zwischen GiN und GgN im Uhrzeigersinn von GgN nach GiN

im Hauptmeridian GiN = GgN ; $c = 0$

Mathematische Grundlagen

Mathematische Grundbegriffe

Grundgesetze

Kommutativgesetze

$a + b = b + a$

$a \cdot b = b \cdot a$

Assoziativgesetze

$(a + b) + c = a + (b + c)$

$(a \cdot b) \cdot c = a \cdot (b \cdot c)$

Distributivgesetz

$a \cdot (b + c) = a \cdot b + a \cdot c$

Gesetze der Anordnung

$a < b \Leftrightarrow b > a \Leftrightarrow (b - a) > 0$ $\quad a, b, c \in IR$

Aus $a < b$ folgt:	$a + c < b + c$	$a \cdot c < b \cdot c$	wenn $c > 0$
Aus $a < b$ folgt:	$-a > -b$	$\frac{1}{a} > \frac{1}{b}$	wenn $a > 0$

Absoluter Betrag - Signum

Definitionen

Gesetze

	Betrag a	Signum a	
$a > 0$	$\lvert a \rvert = +a$	$\operatorname{sgn} a = 1$	$\lvert a + b \rvert \leq \lvert a \rvert + \lvert b \rvert$
$a = 0$	$\lvert a \rvert = 0$	$\operatorname{sgn} a = 0$	$\lvert a + b \rvert > \lvert \lvert a \rvert - \lvert b \rvert \rvert$
$a < 0$	$\lvert a \rvert = -a$	$\operatorname{sgn} a = -1$	$\lvert a_1 + a_2 + \ldots + a_n \rvert \leq \lvert a_1 \rvert + \lvert a_2 \rvert + \ldots + \lvert a_n \rvert$

Bruchrechnen

Erweitern	$\frac{a}{b} = \frac{a \cdot z}{b \cdot z}$	Kürzen	$\frac{a \cdot z}{b \cdot z} = \frac{a \cdot z : z}{b \cdot z : z} = \frac{a}{b}$
Addition	$\frac{a}{b} + \frac{c}{d} = \frac{a \cdot d + b \cdot c}{b \cdot d}$	Subtraktion	$\frac{a}{b} - \frac{c}{d} = \frac{a \cdot d - c \cdot b}{b \cdot d}$
Multiplikation	$\frac{a}{b} \cdot \frac{c}{d} = \frac{a \cdot c}{b \cdot d}$	Division	$\frac{a}{b} : \frac{c}{d} = \frac{a \cdot d}{b \cdot c}$

$a, b, c \in IN$, Nenner stets ungleich Null

Lineare Gleichungssysteme

$$a_1x + b_1x = c_1$$
$$a_2x + b_2x = c_2$$

eindeutige Lösung , wenn : $D = a_1b_2 - a_2b_1 \neq 0$

$$x = \frac{c_1b_2 - c_2b_1}{a_1b_2 - a_2b_1} \qquad y = \frac{a_1c_2 - a_2c_1}{a_1b_2 - a_2b_1}$$

Quadratische Gleichungen

Allgemeine Form: $ax^2 + bx + c = 0$

$$x_{1,2} = \frac{-b \pm \sqrt{b^2 - 4ac}}{2a}$$

$D = b^2 + 4ac$

Normalform: $x^2 + px + q = 0$

$$x_{1,2} = -\frac{p}{2} \pm \sqrt{\left(\frac{p}{2}\right)^2 - q}$$

$D = \left(\frac{p}{2}\right)^2 - q$

$D > 0$: 2 Lösungen $D = 0$: 1 Lösung $D < 0$: keine Lösung

Potenzen - Wurzeln

Definitionen

$a^n = a \cdot a \cdot a \cdot ... \cdot a$ a beliebig, $m, n \in IN$ und $n, m \geq 2$

$a^1 = a$ $a^0 = 1 \ (a \neq 0)$

$\sqrt[n]{a} = x \Leftrightarrow x^n = a$ $a \geq 0$, $m, n \in IN$ und $n, m \geq 2$, $x \geq 0$
Radikand nicht negativ

Rechenregeln:

$a^m \cdot a^n = a^{m+n}$	$\sqrt[n]{a} \cdot \sqrt[n]{b} = \sqrt[n]{a \cdot b}$	$a^{-1} = \frac{1}{a^n}$
$a^m : a^n = a^{m-n}$	$\sqrt[n]{a} : \sqrt[n]{b} = \sqrt[n]{\frac{a}{b}}$	$a^{\frac{1}{n}} = \sqrt[n]{a}$
$(a^m)^n = a^{m \cdot n}$	$(\sqrt[n]{a})^m = \sqrt[n]{a^m}$	$a^{\frac{m}{n}} = \sqrt[n]{a^m}$
$a^n \cdot b^n = (a \cdot b)^n$	$\sqrt[m]{\sqrt[n]{a}} = \sqrt[m \cdot n]{a}$	$a^{-\frac{m}{n}} = \frac{1}{\sqrt[n]{a^m}}$
$a^n : b^n = (a : b)^n$		

Logarithmen

Definition $x = \log_b a \Leftrightarrow b^x = a$ $a, b > 0$ und $b \neq 1$

$\Rightarrow \log_b b = 1 \,;\, \log_b 1 = 0$

Rechengesetze

$\log_a u \cdot v = \log_a u + \log_a v$

$\log_a \left(\frac{u}{v} \right) = \log_a u - \log_a v$

$\log_a u^n = n \cdot \log_a u$

$\log_a \sqrt[n]{u} = \frac{1}{n} \cdot \log_a u$

Sonderfälle

$\log_{10} x = \lg x$

$\log_e x = \ln x$

$\log_2 x = \mathrm{lb}\, x$

Umrechnung von Basis g auf Basis b

$\log_b x = \log_b g \cdot \log_g x$ $\log_b g \cdot \log_g b = 1$

$\lg x = \lg e \cdot \ln x = 0{,}434294 \ln x$
$\ln x = \ln 10 \cdot \lg x = 2{,}302585 \lg x$

Folgen - Reihen

Folge $a_1, a_2, \ldots, a_n$

Reihe $a_1 + a_2 + \ldots + a_n = \sum_{k=1}^{n} a_k = s_n$

Arithmetische Folge

$a_n = a_1 + (n-1)d$

$d = a_n - a_{n-1}$ = konstant

Arithmetische Reihe

$s_n = \frac{n}{2}(a_1 + a_n)$

Geometrische Folge

$a_n = a \cdot q^{n-1}$

$q = \frac{a_n}{a_{n-1}}$ = konstant

Geometrische Reihe

$s_n = a \cdot \frac{q^n - 1}{q - 1} = a \cdot \frac{1 - q^n}{1 - q}$ $q \neq 1$

Unendliche geometrische Reihe

$s = \lim_{n \to \infty} s_n = \frac{a}{1-q}$ $|q| < 1$

Binomischer Satz

Allgemeiner binomischer Satz

$(a+b)^n =$ für $|a| > |b|$

$$\binom{n}{0} a^n + \binom{n}{1} a^{n-1} b + \binom{n}{2} a^{n-2} b^2 + \ldots + \binom{n}{n-1} a b^{n-1} + \binom{n}{n} b^n$$

Binomialkoeffizienten

$$\binom{n}{k} = \frac{n(n-1)\cdot(n-2)\cdot\ldots\cdot(n-k+1)}{1\cdot 2\cdot 3\cdot\ldots\cdot k} = \frac{n!}{k!(n-k)!} = \binom{n}{n-k}$$

$$\binom{n}{0} = \binom{n}{n} = 1 \qquad \binom{n}{1} = n$$

Binomische Formeln

$(a+b)^2 = a^2 + 2ab + b^2$

$(a-b)^2 = a^2 - 2ab + b^2$

$(a+b)^3 = a^3 + 3a^2b + 3ab^2 + b^3$

$(a-b)^3 = a^3 - 3a^2b + 3ab^2 - b^3$

$a^2 + b^2$ nicht zerlegbar in IR

$a^2 - b^2 = (a+b)(a-b)$

$a^3 + b^3 = (a+b)(a^2 - ab + b^2)$

$a^3 - b^3 = (a-b)(a^2 + ab + b^2)$

$a^n - b^n = (a-b)(a^{n-1} + a^{n-2}b + a^{n-3}b^2 + \ldots + b^{n-1})$

$a^{2n} - b^{2n} = (a^n - b^n)(a^n + b^n)$

n - Fakultät

$n! = 1\cdot 2\cdot 3\cdot\ldots\cdot n$ Definition $0! = 1$ $1! = 1$

Verschiedene Mittelwerte

$M_H \leq M_G \leq M_A$

Arithmetisches Mittel $M_A = \dfrac{a_1 + a_2 + \ldots + a_n}{n}$

Geometrisches Mittel $M_G = \sqrt[n]{a_1 \cdot a_2 \cdot \ldots \cdot a_n}$

Harmonisches Mittel $M_H = \dfrac{1}{n}\left(\dfrac{1}{a_1} + \dfrac{1}{a_2} + \ldots + \dfrac{1}{a_n}\right)$

Differentialrechnung

Ableitung

Funktion $f(x)$: Erste Ableitung: $f'(x)$ oder $\frac{df(x)}{dx}$

Ableitungsregeln

Potenzregel	$y = a \cdot x^n$	$y' = n \cdot a \cdot x^{n-1}$	
Produktregel	$y = u \cdot v$	$y' = u \cdot v' + u' \cdot v$	
Quotientenregel	$y = \frac{u}{v}$	$y' = \frac{v \cdot u' - v' \cdot u}{v^2}$	
Kettenregel	$y = f(g(x))$	$y' = f'(u) \cdot g'(x)$	$u = g(x)$

Tabelle von Ableitungen

$f(x)$	$f'(x)$
c	0
x^n	$n \cdot x^{n-1}$
$\sqrt{x}$	$\frac{1}{2\sqrt{x}}$
$\sqrt[n]{x}$	$\frac{1}{n \cdot \sqrt[n]{x^{n-1}}}$
e^x	e^x
a^x	$a^x \cdot \ln a$
$\ln x$	$\frac{1}{x}$
$\log_a x$	$\frac{1}{x \cdot \ln a}$

$f(x)$	$f'(x)$
$\sin x$	$\cos x$
$\cos x$	$-\sin x$
$\tan x$	$\frac{1}{\cos^2 x}$
$\cot x$	$-\frac{1}{\sin^2 x}$
$\arcsin x$	$\frac{1}{\sqrt{1-x^2}}$
$\arccos x$	$-\frac{1}{\sqrt{1-x^2}}$
$\arctan x$	$\frac{1}{1+x^2}$
$\text{arccot}\, x$	$-\frac{1}{1+x^2}$

Potenzreihenentwicklung

Taylorsche Formel

MACLAURINsche Form

$$f(x) = f(0) + \frac{f'(0)}{1!}x + \frac{f''(0)}{2!}x^2 + \dots + \frac{f^{(n)}(0)}{n!}x^n + R_n(x)$$

$$R_n(x) = \frac{x^{n+1}}{(n+1)!} f^{n+1}(\vartheta x)$$ wobei $0 < \vartheta < 1$ Restglied von LAGRANGE

Allgemeine Form

$$f(x_0 + h) = f(x_0) + \frac{f'(x_0)}{1!}h + \frac{f''(x_0)}{2!}h^2 + \dots + \frac{f^{(n)}(x_0)}{n!}h^n + R_n$$

$$R_n(h) = \frac{1}{n!} \int_{x_0}^{x_0+h} (x_0 + h - x)^n f^{(n+1)}(x)\mathrm{d}x$$

$\frac{1}{1+x} = 1 - x + x^2 - x^3 + - \dots$	$\lvert x \rvert < 1$
$(1+x)^m = 1 + \binom{m}{1}x + \binom{m}{2}x^2 + \binom{m}{3}x^3 + \dots$	$\lvert x \rvert < 1$
$\frac{1}{\sqrt{1+x}} = 1 - \frac{1}{2}x + \frac{3}{8}x^2 - \frac{5}{16}x^3 + - \dots$	$\lvert x \rvert < 1$
$e^x = 1 + \frac{x}{1!} + \frac{x^2}{2!} + \frac{x^3}{3!} + \dots$	für alle x
$\ln(1+x) = x - \frac{x^2}{2} + \frac{x^3}{3} - + \dots$	$-1 < x \leq +1$
$\ln x = 2\left[\left(\frac{x-1}{x+1}\right) + \frac{1}{3}\left(\frac{x-1}{x+1}\right)^3 + \frac{1}{5}\left(\frac{x-1}{x+1}\right)^5 + \dots\right]$	$x > 0$
$\sin x = \frac{x}{1!} - \frac{x^3}{3!} + \frac{x^5}{5!} - \frac{x^7}{7!} + - \dots$	für alle x
$\cos x = 1 - \frac{x^2}{2!} + \frac{x^4}{4!} - \frac{x^6}{6!} + - \dots$	für alle x
$\tan x = x + \frac{1}{3}x^3 + \frac{2}{15}x^5 + \frac{17}{315}x^7 + \dots$	für alle $\lvert x \rvert < \frac{\pi}{2}$
$\arcsin x = x + \frac{1}{2} \cdot \frac{x^3}{3} + \frac{1}{2} \cdot \frac{3}{4} \cdot \frac{x^5}{5} + \frac{1}{2} \cdot \frac{3}{4} \cdot \frac{5}{6} \cdot \frac{x^7}{7} + \dots$	$\lvert x \rvert \leq 1$
$\arctan x = x - \frac{x^3}{3} + \frac{x^5}{5} - \frac{x^7}{7} + - \dots$	$\lvert x \rvert \leq 1$

Matrizenrechnung

Definitionen

Matrix: rechtwinklige Anordnung von $n \cdot m$ Elementen a_{ik}

in m - Zeilen und n - Spalten

rechteckige Matrix: $m \neq n$

quadratische Matrix: $m = n$

$$\mathbf{A} = \begin{bmatrix} a_{11} & a_{12} & a_{13} & \cdots & a_{1n} \\ a_{21} & a_{22} & a_{23} & \cdots & a_{2n} \\ \vdots & & & & \\ a_{m1} & a_{m2} & a_{m3} & \cdots & a_{mn} \end{bmatrix}$$

Gleichheit von Matrizen: A = B $a_{ik} = b_{ik}$ für alle i, k

Vektor: einzeilige Matrix Zeilenvektor $\begin{bmatrix} a_{i1} & a_{i2} & \cdots & a_{in} \end{bmatrix}$

einspaltige Matrix Spaltenvektor $\begin{bmatrix} a_{1k} \\ a_{2k} \\ \vdots \\ a_{mk} \end{bmatrix}$

Nullmatrix: alle Elemente $a_{ik} = 0$

Einheitsmatrix: quadratisch, die Elemente der Hauptdiagonalen = 1
alle übrigen = 0

Diagonalmatrix: alle Elemente außerhalb der Hauptdiagonalen = 0

Symmetrische Matrix: quadratische Matrix ist symmetrisch, wenn gilt:

$a_{ik} = a_{ki}$ $i,k \ldots m$

Rechnen mit Matrizen

Addition und Subtraktion

$\mathbf{A} \pm \mathbf{B} = \mathbf{C}$ $a_{ik} \pm b_{ik} = c_{ik}$ $i = 1 \ldots m\ ;\ k = 1 \ldots n$

Die Addition von Matrizen ist

- kommutativ: **A + B = B + A = C**
- assoziativ: **A + (B + C) = (A+ B) + C**

Zwischen Addition und Subtraktion besteht in der Gesetzmäßigkeit kein Unterschied

Matrizenrechnung

Rechnen mit Matrizen

Transponieren einer Matrix

Eine Matrix wird transponiert, indem man ihre Zeilen und Spalten vertauscht

$\mathbf{A} \Rightarrow \mathbf{A}^T: \quad a_{ik} \Rightarrow a_{ki} \qquad i = 1 \dots m; \quad k = 1 \dots n$

$(\mathbf{A}^T)^T = \mathbf{A} \qquad \mathbf{A}^T = \mathbf{A}$ bei symmetrischer Matrix

Matrizenmultiplikation

$$\mathbf{A} \cdot \mathbf{B} = \mathbf{C} \qquad c_{ik} = \sum_{j=1}^{n} a_{ij} \cdot b_{jk} \qquad i = 1 \dots m; \quad k = 1 \dots p$$

$$\begin{pmatrix} b_{11} & b_{12} & b_{13} & b_{1k} \\ b_{j1} & b_{j2} & b_{j3} & b_{jk} \end{pmatrix} = \mathbf{B}$$

$$\mathbf{A} = \begin{pmatrix} a_{11} & a_{1j} \\ a_{i1} & a_{ij} \end{pmatrix} \begin{pmatrix} c_{11} & c_{12} & c_{13} & c_{1k} \\ c_{i1} & c_{i2} & c_{i3} & c_{ik} \end{pmatrix} \Rightarrow \mathbf{C}$$

Multiplikation nur möglich, wenn die Spaltenzahl von **A** und die Zeilenzahl von **B** übereinstimmen (Verkettung)

Matrizenprodukt nicht kommutativ, dafür

- distributiv: $\mathbf{A}(\mathbf{B} + \mathbf{C}) = \mathbf{A} \cdot \mathbf{B} + \mathbf{A} \cdot \mathbf{C}$
- assoziativ: $\mathbf{A} \cdot \mathbf{B} \cdot \mathbf{C} = \mathbf{A}(\mathbf{B} \cdot \mathbf{C}) = (\mathbf{A} \cdot \mathbf{B})\mathbf{C}$

Matrizeninversion

Existiert eine Matrix **B** mit $\mathbf{A} \cdot \mathbf{B} = \mathbf{B} \cdot \mathbf{A} = \mathbf{E}$ (Einheitsmatrix), dann heißt **B** zu **A** inverse Matrix und wird mit $\mathbf{A}^{-1}$ bezeichnet (**A** quadratisch)

2 ∗ 2 Matrix

$$\mathbf{B} = \mathbf{A}^{-1} = \begin{pmatrix} b_{11} & b_{12} \\ b_{12} & b_{22} \end{pmatrix} = \frac{1}{D} \begin{pmatrix} a_{22} & -a_{12} \\ -a_{12} & a_{11} \end{pmatrix} \qquad D = a_{11} \cdot a_{22} - a_{12}^2$$

3 ∗ 3 Matrix (KRAMERsche Regel) für symmetrische Matrix

$$\mathbf{B} = \mathbf{A}^{-1} = \frac{1}{D} \begin{pmatrix} b_{11} & & \\ -b_{21} & b_{22} & \\ b_{31} & -b_{32} & b_{33} \end{pmatrix} \qquad D = a_{11} \cdot b_{11} - a_{12} \cdot b_{21} + a_{12} \cdot b_{31}$$

$$b_{11} = a_{22} \cdot a_{33} - a_{23}^2 \qquad b_{21} = a_{12} \cdot a_{33} - a_{13} \cdot a_{23}$$
$$b_{22} = a_{11} \cdot a_{33} - a_{13}^2 \qquad b_{31} = a_{12} \cdot a_{23} - a_{13} \cdot a_{22}$$
$$b_{33} = a_{11} \cdot a_{22} - a_{12}^2 \qquad b_{32} = a_{11} \cdot a_{23} - a_{13} \cdot a_{12}$$

Ebene Geometrie

Arten von Winkel

Nebenwinkel	betragen zusammen 200 gon	$\alpha + \beta = 200$ gon
Scheitelwinkel	sind gleich groß	$\alpha = \alpha'$
Stufenwinkel	an geschnittenen Parallelen sind gleich groß	$\sigma = \sigma'$
Wechselwinkel	an geschnittenen Parallelen sind gleich groß	$\omega = \omega'$
Winkel	deren Schenkel paarweise aufeinander senkrecht stehen, sind entweder gleich groß oder ergänzen einander zu 200 gon	
Außenwinkel	Im Dreieck ist ein Außenwinkel gleich der Summe der beiden nicht anliegenden Innenwinkel	
Winkelsummen	Im Dreieck ist die Summe der Innenwinkel 200 gon Im Viereck ist die Summe der Innenwinkel 400 gon Im n - Eck ist die Summe der Innenwinkel $(n - 2)$ 200 gon	

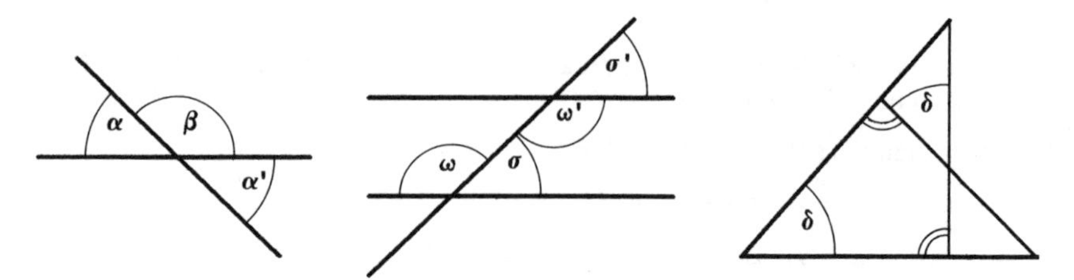

Kongruenzsätze

Dreiecke sind kongruent (deckungsgleich), wenn sie übereinstimmen in:

a) drei Seiten **SSS**
b) zwei Seiten und dem von diesen eingeschlossenen Winkel **SWS**
c) zwei Seiten und dem Gegenwinkel der längeren Seite **SSW**
d) einer Seite und den beiden anliegenden Winkeln **WSW**
einer Seite und zwei gleichliegenden Winkeln **WWS**

Ähnlichkeitssätze

Zwei Dreiecke sind ähnlich, wenn:

a) drei Paare entsprechender Seiten dasselbe Verhältnis haben
b) zwei Paare entsprechender Seiten dasselbe Verhältnis haben
und die von diesen Seiten eingeschlossenen Winkel übereinstimmen
c) zwei Paare entsprechender Seiten dasselbe Verhältnis haben
und die Gegenwinkel der längeren Seiten übereinstimmen
d) zwei Winkel übereinstimmen

Strahlensätze

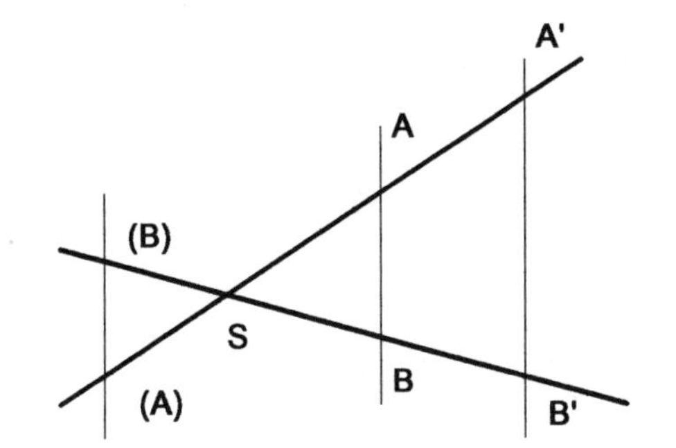

1. Strahlensatz

$$\overline{SA} : \overline{SA'} = \overline{SB} : \overline{SB'}$$

2. Strahlensatz

$$\overline{AB} : \overline{A'B'} = \overline{SA} : \overline{SA'}$$

Teilung einer Strecke

Teilungsverhältnis

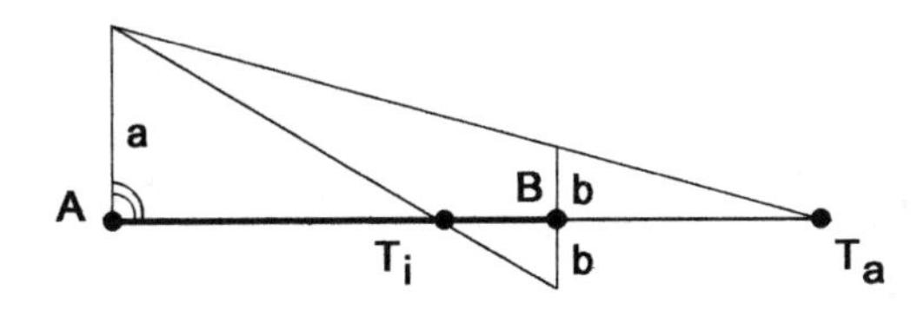

Innere Teilung

$$\left|\overline{AT_i}\right| : \left|\overline{T_iB}\right| = a : b$$

Äußere Teilung

$$\left|\overline{AT_a}\right| : \left|\overline{T_aB}\right| = a : b$$

T_i = innerer Teilpunkt
T_a = äußerer Teilpunkt

Harmonische Teilung

Eine harmonische Teilung liegt vor, wenn eine Strecke außen und innen im gleichen Verhältnis geteilt wird

$$\left|\overline{AT_i}\right| : \left|\overline{T_iB}\right| = \left|\overline{AT_a}\right| : \left|\overline{T_aB}\right| = a : b$$

Stetige Teilung (Goldener Schnitt)

$$a : x = x : (a - x)$$

$$x = \frac{a}{2} \cdot \left(\sqrt{5} - 1\right)$$

$a = \overline{AB}$

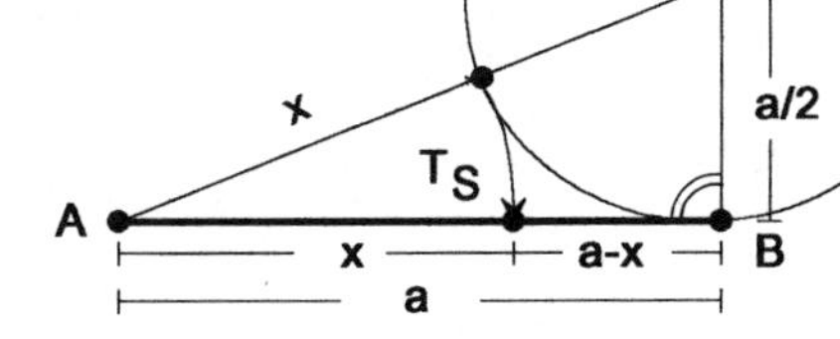

Dreieck

Allgemeines Dreieck

Bezeichnungen im Dreieck

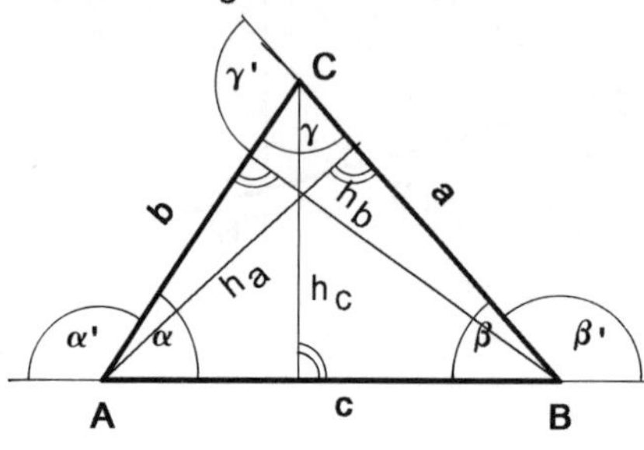

a:	Gegenseite der Ecke *A*
b:	Gegenseite der Ecke *B*
c:	Gegenseite der Ecke *C*

h_a:	Höhe zur Seite *a*
h_b:	Höhe zur Seite *b*
h_c:	Höhe zur Seite *c*

Winkelsumme im Dreieck (Innenwinkel)
$\alpha + \beta + \gamma = 200$ gon

Winkelsumme am Dreieck (Außenwinkel)
$\alpha' + \beta' + \gamma' = 400$ gon

Beziehungen im Dreieck

Seitenhalbierende *s*, Schwerpunkt *S*

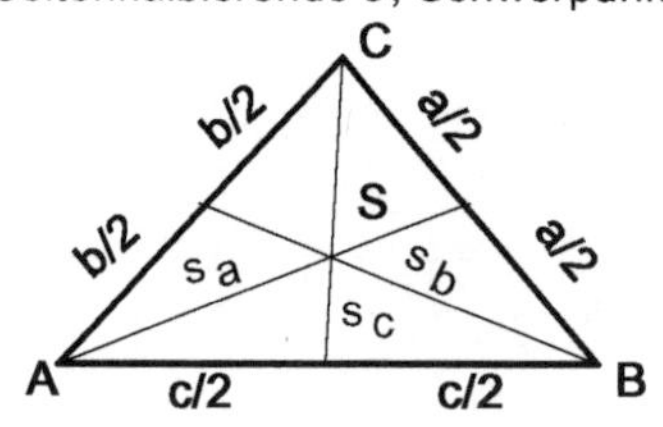

Schwerpunkt *S* = Schnittpunkt der Seitenhalbierenden

Schwerpunkt *S* teilt die Seitenhalbierenden im Verhältnis 2 : 1

Winkelhalbierende *w*, Inkreis

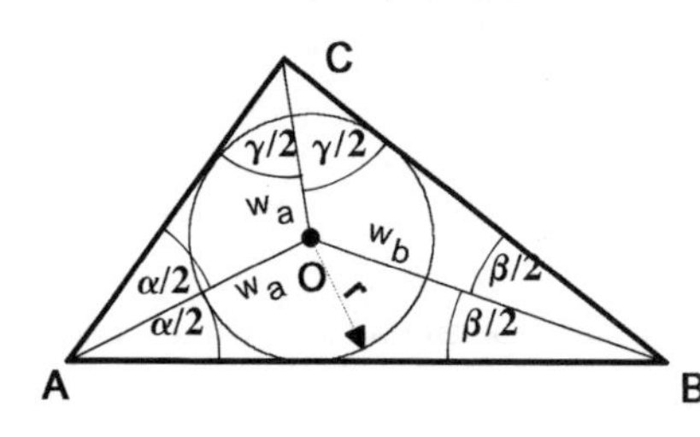

Inkreismittelpunkt *O* = Schnittpunkt der Winkelhalbierenden

Inkreisradius

$$\rho = \frac{F}{s} = \sqrt{\frac{(s-a)(s-b)(s-c)}{s}}$$

$$s = \frac{a+b+c}{2}$$ *F* = Fläche des Dreiecks

Mittelsenkrechte, Umkreis

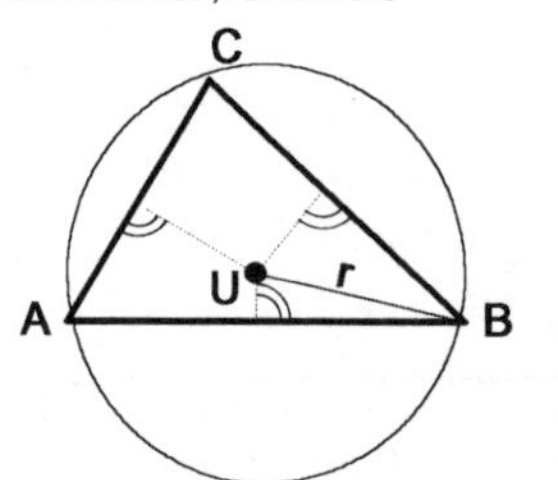

Umkreismittelpunkt *U* = Schnittpunkt der Mittelsenkrechten

Umkreisradius

$$r = \frac{a \cdot b \cdot c}{4F}$$ *F* = Fläche des Dreiecks

Ebene Geometrie

Dreieck

Rechtwinkliges Dreieck

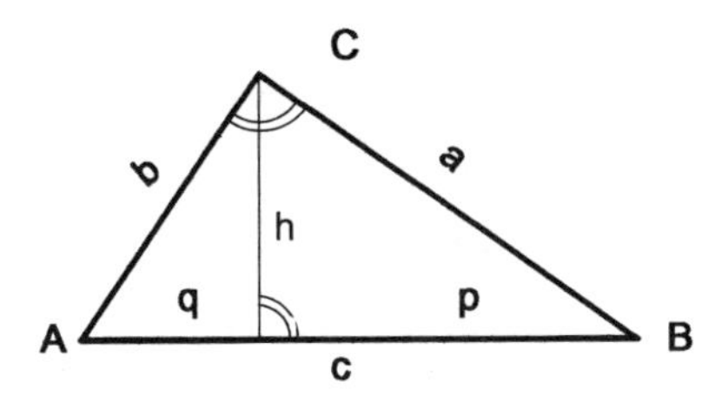

Satz des *Pythagoras*

$$c^2 = a^2 + b^2$$

Kathetensatz

$$a^2 = c \cdot p$$
$$b^2 = c \cdot q$$

Höhensatz

$$h^2 = p \cdot q$$

Fläche $F = \frac{a \cdot b}{2}$

Gleichschenkliges Dreieck

$a = b ; \alpha = \beta$

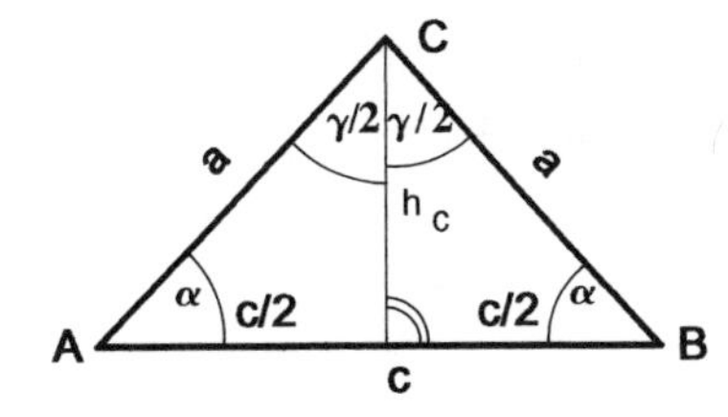

Höhe $h_c = \sqrt{a^2 - \left(\frac{c}{2}\right)^2}$

Fläche $F = \frac{a^2 \cdot \sin\gamma}{2}$

Gleichseitiges Dreieck

$\alpha = \beta = \gamma = 60^\circ$

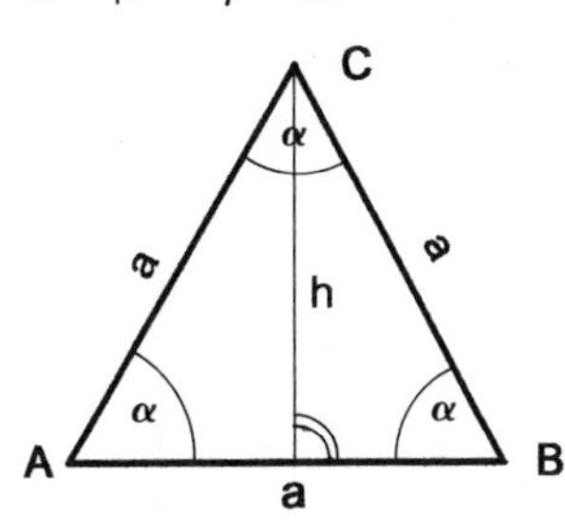

Höhe $h = \frac{a}{2} \cdot \sqrt{3}$

Fläche $F = \frac{a^2}{4} \cdot \sqrt{3}$

Umkreisradius $r = \frac{a}{3} \cdot \sqrt{3}$

Inkreisradius $\rho = \frac{a}{6} \cdot \sqrt{3}$

Viereck

Quadrat

Die Diagonalen stehen senkrecht aufeinander und sind gleich lang

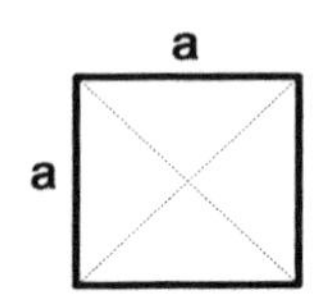

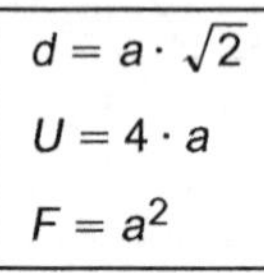

Diagonale	$d = a \cdot \sqrt{2}$
Umfang	$U = 4 \cdot a$
Fläche	$F = a^2$

Rechteck

Die Diagonalen sind gleich lang

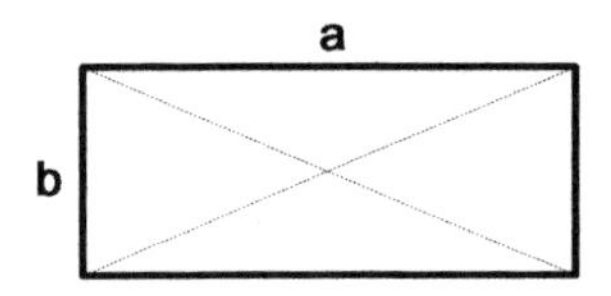

Diagonale	$d = \sqrt{a^2 + b^2}$
Umfang	$U = 2(a + b)$
Fläche	$F = a \cdot b$

Raute

Die Diagonalen stehen senkrecht aufeinander

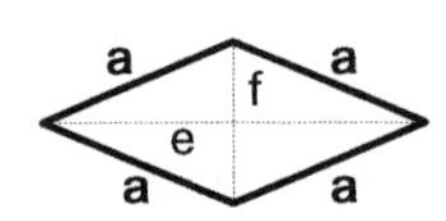

	$e^2 + f^2 = 4a^2$
Umfang	$U = 4 \cdot a$
Fläche	$F = \frac{1}{2} \cdot e \cdot f$

Parallelogramm

Die Diagonalen halbieren sich gegenseitig

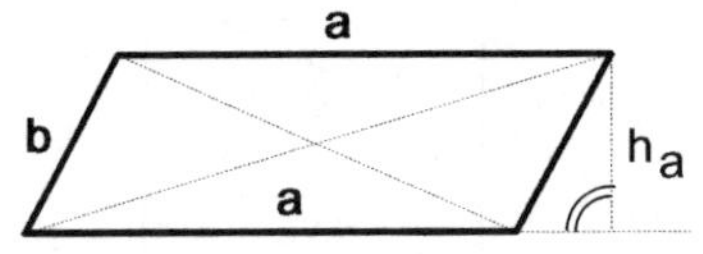

Umfang	$U = 2(a + b)$
Fläche	$F = a \cdot h_a = b \cdot h_b$

Trapez

a parallel c

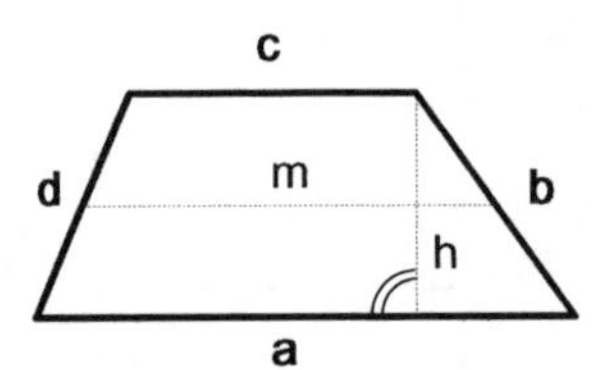

	$m = \frac{1}{2}(a + c)$
Umfang	$U = a + b + c + d$
Fläche	$F = \frac{1}{2}(a + c) \cdot h$

Vielecke

Allgemeines Vieleck

Summe der Innenwinkel $(n-2) \cdot 200$ gon *n = Anzahl der Ecken*

Summe der Außenwinkel $(n+2) \cdot 200$ gon *n = Anzahl der Ecken*

Anzahl der Diagonalen $n(n-3) \cdot \frac{1}{2}$ *n = Anzahl der Ecken*

Anzahl der Diagonalen in einer Ecke $n - 3$

Regelmäßiges Vieleck

1. Jedes regelmäßige Vieleck kann in *n* gleichschenklige, kongruente Dreiecke zerlegt werden
2. Der Zentriwinkel eines Dreiecks beträgt:

   $\frac{1}{n} \cdot 400$ gon *n = Anzahl der Ecken*

3. Jedes regelmäßige Vieleck hat gleichgroße Seiten und Winkel
4. Jedes regelmäßige Vieleck hat einen In- und einen Umkreis
5. Der Mittelpunkt des regelmäßigen Vielecks hat von den Ecken die gleiche Entfernung
6. Jeder Außenwinkel beträgt:

   $200 \text{ gon} - \frac{1}{n} \cdot 400 \text{ gon}$ *n = Anzahl der Ecken*

Kreis

Bezeichnungen am Kreis

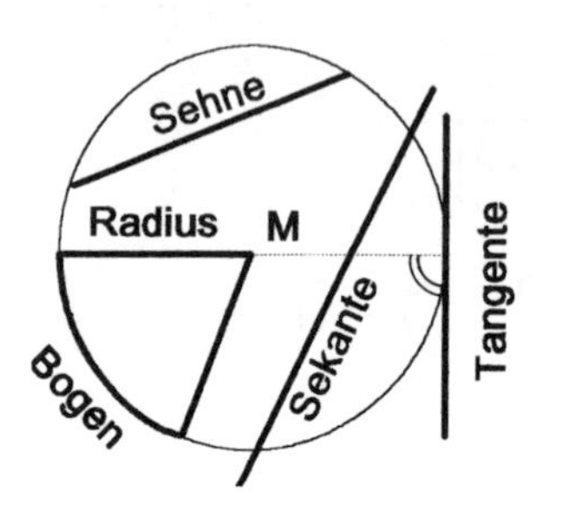

Umfang = in sich geschlossene Kreislinie

Bogen = Teil des Umfanges

Radius = Verbindungsstrecke Kreispunkt - Mittelpunkt

Sekante = Gerade, die den Kreis in zwei Punkten schneidet

Sehne = Strecke, deren Endpunkte auf dem Kreis liegen

Tangente = Gerade, die den Kreis in einem Punkt berührt

Kreisbogen

$$\frac{b}{r} = \frac{\alpha}{\text{rad}}$$

Kreisumfang

$$U = 2\pi \cdot r = \pi \cdot d$$

Kreisfläche

$$F = \pi \cdot r^2 = \frac{\pi}{4} \cdot d^2$$

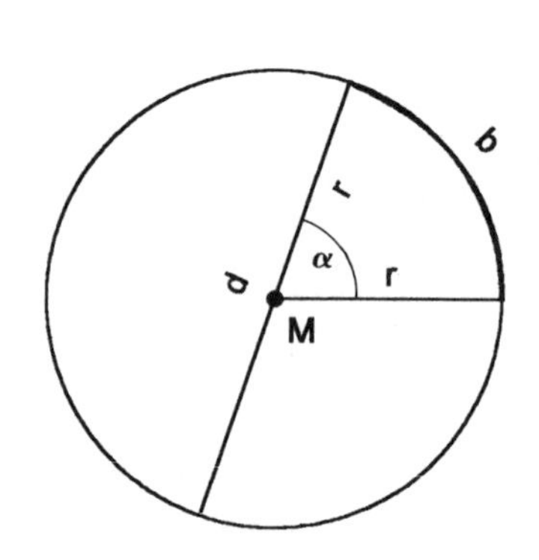

Kreisabschnitt

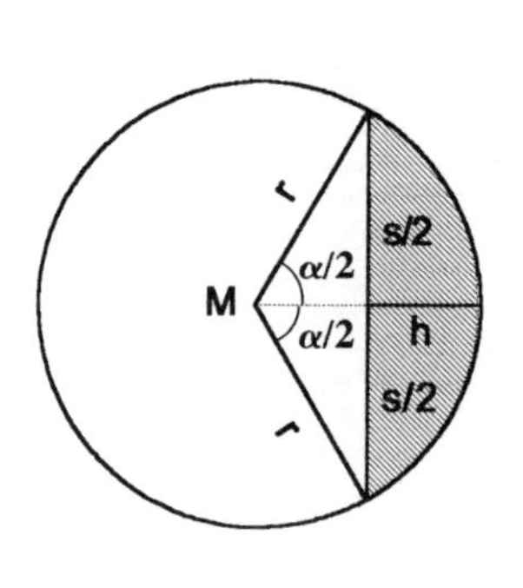

Sehne

$$s = 2r \cdot \sin\frac{\alpha}{2}$$

Pfeilhöhe

$$h = r\left(1 - \cos\frac{\alpha}{2}\right) = 2r \cdot \sin^2\frac{\alpha}{4}$$

Radius

$$r = \frac{s^2}{8h} + \frac{h}{2}$$

Fläche

$$F = \frac{r^2}{2} \cdot \left(\frac{\alpha}{\text{rad}} - \sin\alpha\right)$$

Ebene Geometrie

Kreis

Kreis und Sehne

Die Mittelsenkrechte einer Sehne geht immer durch den Mittelpunkt des Kreises und halbiert den Mittelpunktswinkel

Ähnlichkeit am Kreis

Sehnensatz

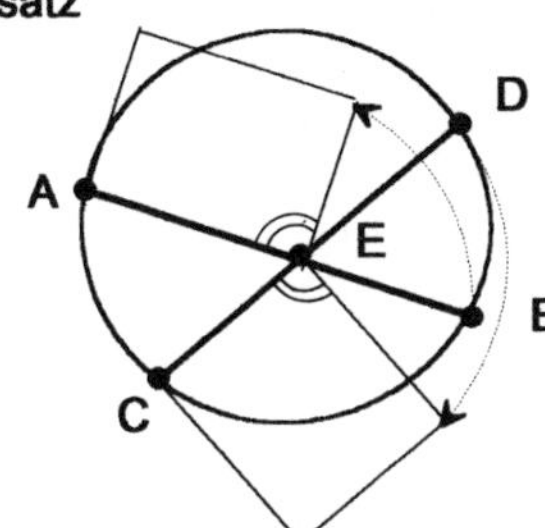

$$\overline{AE} \cdot \overline{EB} = \overline{CE} \cdot \overline{ED}$$

Sekantensatz

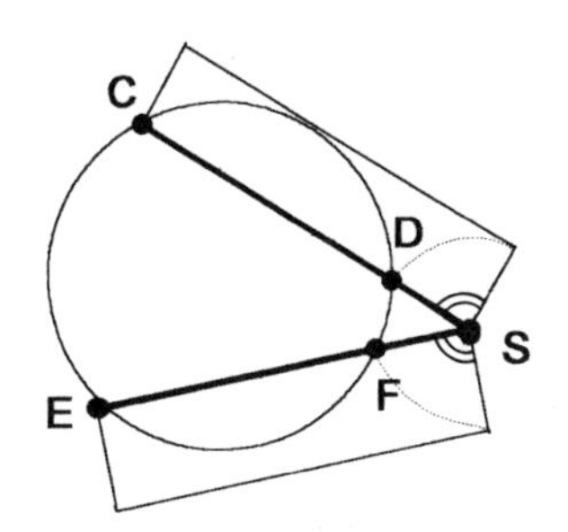

$$\overline{SE} \cdot \overline{SF} = \overline{SC} \cdot \overline{SD}$$

Tangentensatz

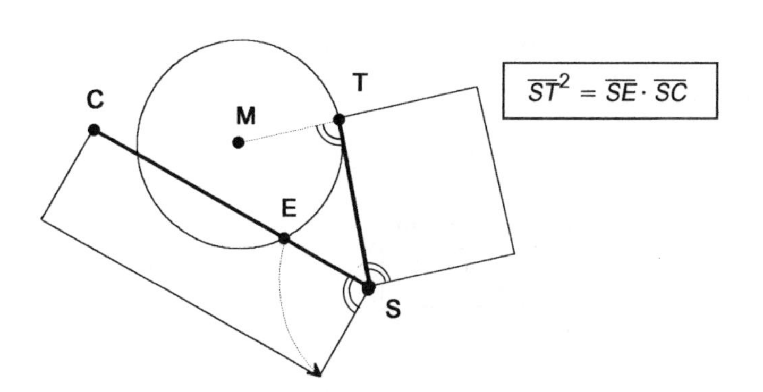

$$\overline{ST}^2 = \overline{SE} \cdot \overline{SC}$$

Ebene Geometrie

Kreis

Winkel am Kreis

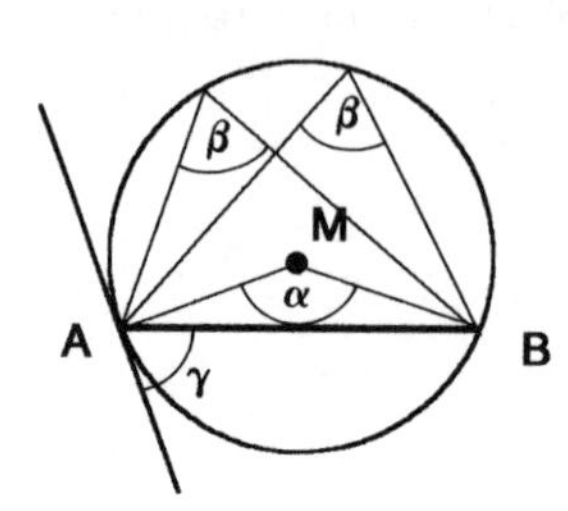

α = Mittelpunktswinkel

β = Umfangswinkel

$$\beta = \frac{\alpha}{2} \quad ; \quad \beta = \gamma$$

Umfangswinkel über demselben Bogen sind gleich groß

γ = Sehnentangentenwinkel

Satz des *Thales:*

Jeder Umfangswinkel
über dem Halbkreis = 100 gon

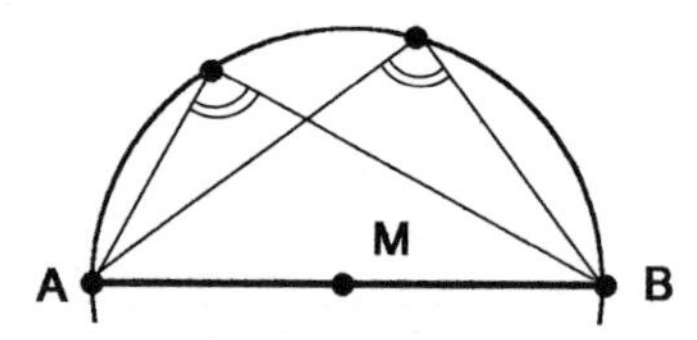

Ellipse

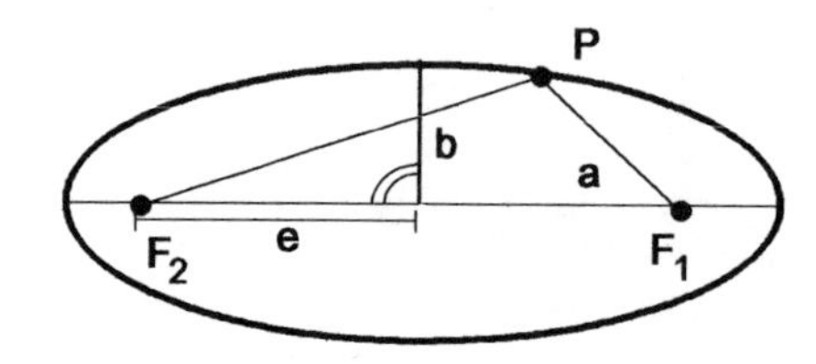

a = große Halbachse
b = kleine Halbachse
$F_{1,2}$ = Brennpunkte

Ortslinie für Punkt P mit $|F_1P| + |F_2P|$ =konstant = $2a$

Umfang - Näherungsformel

$$U \approx \left[\frac{3}{2}(a+b) - \sqrt{ab}\right]$$

für $\frac{b}{a} > \frac{1}{5}$ $\qquad U > \pi\,(a+b)$

Fläche

$$F = \pi \cdot a \cdot b$$

Lineare Exzentrität

$$e = \sqrt{a^2 - b^2}$$

Trigonometrie

Winkelfunktionen im rechtwinkligen Dreieck

Definition der Winkelfunktionen

Sinusfunktion

$$\sin \alpha = \frac{\text{Gegenkathete}}{\text{Hypothenuse}} = \frac{a}{c}$$

Kosinusfunktion

$$\cos \alpha = \frac{\text{Ankathete}}{\text{Hypothenuse}} = \frac{b}{c}$$

Tangensfunktion

$$\tan \alpha = \frac{\text{Gegenkathete}}{\text{Ankathete}} = \frac{a}{b}$$

Kotangensfunktion

$$\cot \alpha = \frac{\text{Ankathete}}{\text{Gegenkathete}} = \frac{b}{a}$$

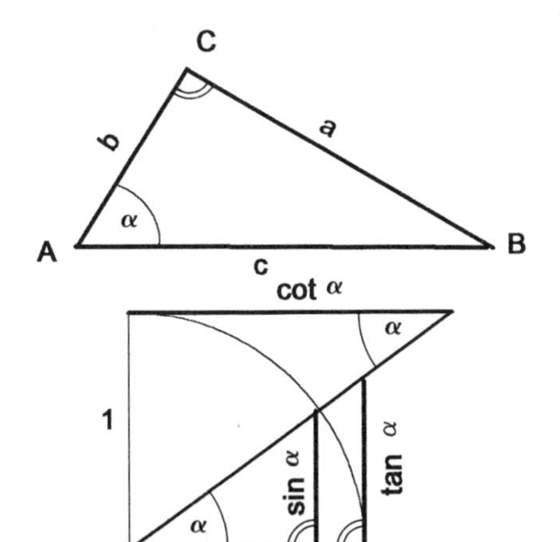

Beziehungen zwischen den Funktionen des gleichen Winkels

$$\sin^2\alpha + \cos^2\alpha = 1$$

$$\tan \alpha = \frac{\sin \alpha}{\cos \alpha}$$

$$\tan \alpha = \frac{1}{\cot \alpha}$$

$$\cot \alpha = \frac{\cos \alpha}{\sin \alpha}$$

$$\cot \alpha = \frac{1}{\tan \alpha}$$

	$\sin \alpha$	$\cos \alpha$	$\tan \alpha$	$\cot \alpha$
sin		$\pm\sqrt{1-\sin^2\alpha}$	$\frac{\sin \alpha}{\pm\sqrt{1-\sin^2\alpha}}$	$\frac{\pm\sqrt{1-\sin^2\alpha}}{\sin \alpha}$
cos	$\pm\sqrt{1-\cos^2\alpha}$		$\frac{\pm\sqrt{1-\cos^2\alpha}}{\cos \alpha}$	$\frac{\cos \alpha}{\pm\sqrt{1-\cos^2\alpha}}$
tan	$\frac{\tan \alpha}{\pm\sqrt{1+\tan^2\alpha}}$	$\frac{1}{\pm\sqrt{1+\tan^2\alpha}}$		$\frac{1}{\tan \alpha}$
cot	$\frac{1}{\pm\sqrt{1+\cot^2\alpha}}$	$\frac{\cot \alpha}{\pm\sqrt{1+\cot^2\alpha}}$	$\frac{1}{\cot \alpha}$	

Das Vorzeichen der Wurzel hängt vom Quadranten ab

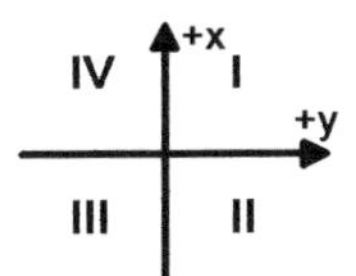

Quadrant	sin	cos	tan/cot
I	+	+	+
II	+	-	-
III	-	-	+
IV	-	+	-

Trigonometrie

Winkelfunktionen im rechtwinkligen Dreieck

Besondere Werte, Grenzwerte

	0° (0 gon)	30°	45° (50 gon)	60°	90° (100 gon)
sin	0	$\frac{1}{2}$	$\frac{1}{2}\sqrt{2}$	$\frac{1}{2}\sqrt{3}$	1
cos	1	$\frac{1}{2}\sqrt{3}$	$\frac{1}{2}\sqrt{2}$	$\frac{1}{2}$	0
tan	0	$\frac{\sqrt{3}}{3}$	1	$\sqrt{3}$	∞
cot	∞	$\sqrt{3}$	1	$\frac{\sqrt{3}}{3}$	0

Funktionswerte kleiner Winkel

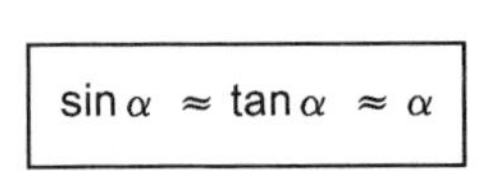

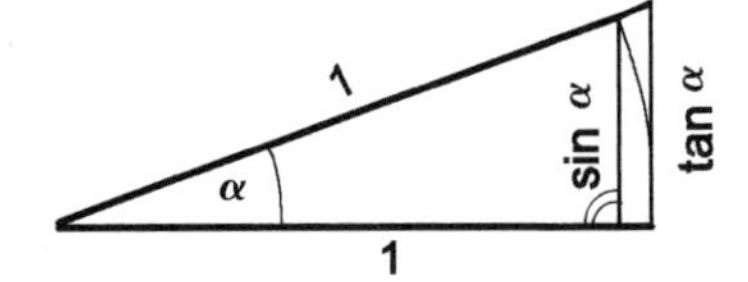

Umwandlungen

	100 gon $\pm\alpha$	200 gon $\pm\alpha$	300 gon $\pm\alpha$	400 gon $\pm\alpha$
sin	$+\cos\alpha$	$-/+\sin\alpha$	$-\cos\alpha$	$-\sin\alpha$
cos	$-/+\sin\alpha$	$-\cos\alpha$	$+/-\sin\alpha$	$+\cos\alpha$
tan	$-/+\cot\alpha$	$+/-\tan\alpha$	$-/+\cot\alpha$	$-\tan\alpha$
cot	$-/+\tan\alpha$	$+/-\cot\alpha$	$-/+\tan\alpha$	$-\cot\alpha$

Arcusfunktionen

	Hauptwert	Nebenwerte	
arcsin	$-100\text{ gon} \leq \alpha \leq +100\text{ gon}$	$\alpha = \alpha \pm n \cdot 400\text{ gon}$ $\alpha = 200\text{ gon} - \alpha \pm n \cdot 400\text{ gon}$	n = 1,2.. n = 0,1..
arccos	$0\text{ gon} \leq \alpha \leq +200\text{ gon}$	$\alpha = \alpha + n \cdot 400\text{ gon}$ $\alpha = -\alpha \pm n \cdot 400\text{ gon}$	n = 1,2.. n = 1,2..
arctan	$-100\text{ gon} < \alpha < +100\text{ gon}$	$\alpha = \alpha + n \cdot 200\text{ gon}$	n = 1,2..
arccot	$0\text{ gon} < \alpha < +200\text{ gon}$	$\alpha = \alpha + n \cdot 200\text{ gon}$	n = 1,2..

Winkelfunktionen im allgemeinen Dreieck

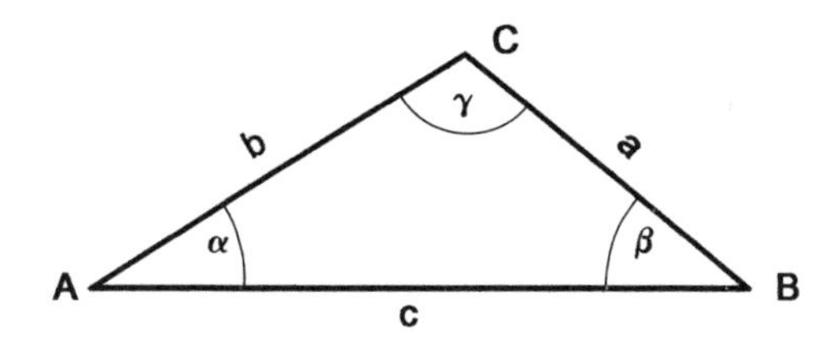

Sinussatz

$$\frac{a}{\sin\alpha} = \frac{b}{\sin\beta} = \frac{c}{\sin\gamma} = 2r$$

r = Umkreisradius

Gegenwinkel der größeren Seite:	1 Lösung	
Gegenwinkel der kleineren Seite:	2 Lösungen	$\sin\gamma < 1$
	1 Lösung	$\sin\gamma = 1$
	keine Lösung	$\sin\gamma > 1$

Genauigkeit:

Standardabweichung der Strecke *a*

$$s_a^2 = \left(\frac{a}{c}\cdot s_c\right)^2 + \left(\frac{c\cdot\cos\alpha}{\sin\alpha}\cdot\frac{s_\alpha}{\text{rad}}\right)^2 + \left(\frac{a}{\tan\gamma}\cdot\frac{s_\gamma}{\text{rad}}\right)^2$$

s_c = *Standardabweichung der Strecke c*
s_α, s_γ = *Standardabweichung der Winkel* α , γ

Kosinussatz

$$a^2 = b^2 + c^2 - 2bc\cdot\cos\alpha$$
$$b^2 = a^2 + c^2 - 2ac\cdot\cos\beta$$
$$c^2 = a^2 + b^2 - 2ab\cdot\cos\gamma$$

$$\cos\alpha = \frac{b^2 + c^2 - a^2}{2bc}$$
$$\cos\beta = \frac{a^2 + c^2 - b^2}{2ac}$$
$$\cos\gamma = \frac{a^2 + b^2 - c^2}{2ab}$$

Genauigkeit:

Standardabweichung der Strecke *c*

$$s_c^2 = \left(\frac{a - b\cdot\cos\gamma}{c}\cdot s_a\right)^2 + \left(\frac{b - a\cdot\cos\gamma}{c}\cdot s_b\right)^2 + \left(\frac{ab\cdot\sin\gamma}{c}\cdot\frac{s_\gamma}{\text{rad}}\right)^2$$

s_a, s_b = *Standardabweichung der Strecken a, b*
s_γ = *Standardabweichung des Winkels* γ

Trigonometrie

Winkelfunktionen im allgemeinen Dreieck

Projektionssatz

$$a = b \cdot \cos\gamma + c \cdot \cos\beta$$

$$b = a \cdot \cos\gamma + c \cdot \cos\alpha$$

$$c = b \cdot \cos\alpha + a \cdot \cos\beta$$

Tangenssatz

$$\frac{a+b}{a-b} = \frac{\tan\frac{\alpha+\beta}{2}}{\tan\frac{\alpha-\beta}{2}} \qquad \frac{b+c}{b-c} = \frac{\tan\frac{\beta+\gamma}{2}}{\tan\frac{\beta-\gamma}{2}} \qquad \frac{c+a}{c-a} = \frac{\tan\frac{\alpha+\gamma}{2}}{\tan\frac{\gamma-\alpha}{2}}$$

Halbwinkelsätze

$$\sin\frac{\alpha}{2} = \sqrt{\frac{(s-b)(s-c)}{bc}}$$

$$\sin\frac{\beta}{2} = \sqrt{\frac{(s-a)(s-c)ac}{ac}}$$

$$\sin\frac{\gamma}{2} = \sqrt{\frac{(s-b)(s-a)}{ab}}$$

$$\cos\frac{\alpha}{2} = \sqrt{\frac{s(s-a)}{bc}}$$

$$\cos\frac{\beta}{2} = \sqrt{\frac{s(s-b)}{ac}}$$

$$\cos\frac{\gamma}{2} = \sqrt{\frac{s(s-c)}{ab}}$$

$$\tan\frac{\alpha}{2} = \pm\sqrt{\frac{(s-b)(s-c)}{s(s-a)}} = \frac{\rho}{s-a}$$

$$\tan\frac{\beta}{2} = \frac{\rho}{s-b}$$

$$\tan\frac{\gamma}{2} = \frac{\rho}{s-c}$$

$$s = \frac{1}{2}(a+b+c)$$

$$\rho^2 = \frac{(s-a)(s-b)(s-c)}{s}$$

$\rho = Inkreisradius$

Additionstheoreme

Trigonometrische Funktionen von Winkelsummen

$\sin(\alpha+\beta) = \sin\alpha \cdot \cos\beta + \cos\alpha \cdot \sin\beta$
$\cos(\alpha+\beta) = \cos\alpha \cdot \cos\beta - \sin\alpha \cdot \sin\beta$
$\sin(\alpha-\beta) = \sin\alpha \cdot \cos\beta - \cos\alpha \cdot \sin\beta$
$\cos(\alpha-\beta) = \cos\alpha \cdot \cos\beta + \sin\alpha \cdot \sin\beta$
$\tan(\alpha+\beta) = \dfrac{\tan\alpha + \tan\beta}{1 - \tan\alpha \cdot \tan\beta}$
$\cot(\alpha+\beta) = \dfrac{\cot\alpha \cdot \cot\beta - 1}{\cot\beta + \cot\alpha}$
$\tan(\alpha-\beta) = \dfrac{\tan\alpha - \tan\beta}{1 + \tan\alpha \cdot \tan\beta}$
$\cot(\alpha-\beta) = \dfrac{\cot\alpha \cdot \cot\beta + 1}{\cot\beta - \cot\alpha}$

Trigonometrische Funktionen des doppelten und des halben Winkels

$\sin 2\alpha = 2 \cdot \sin\alpha \cdot \cos\alpha$
$\cos 2\alpha = \cos^2\alpha - \sin^2\alpha$
$\cos 2\alpha = 1 - 2 \cdot \sin^2\alpha$
$\cos 2\alpha = 2 \cdot \cos^2\alpha - 1$
$1 + \cos 2\alpha = 2 \cdot \cos^2\alpha$
$1 - \cos 2\alpha = 2 \cdot \sin^2\alpha$

$\sin\alpha = 2 \cdot \sin\frac{\alpha}{2} \cdot \cos\frac{\alpha}{2}$
$\cos\alpha = \cos^2\frac{\alpha}{2} - \sin^2\frac{\alpha}{2}$
$\cos\alpha = 1 - 2 \cdot \sin^2\frac{\alpha}{2}$
$\cos\alpha = 2 \cdot \cos^2\frac{\alpha}{2} - 1$
$1 + \cos\alpha = 2 \cdot \cos^2\frac{\alpha}{2}$
$1 - \cos\alpha = 2 \cdot \sin^2\frac{\alpha}{2}$

$\sin\alpha = \sqrt{\dfrac{1 - \cos 2\alpha}{2}}$
$\cos\alpha = \sqrt{\dfrac{1 + \cos 2\alpha}{2}}$
$\tan\alpha = \sqrt{\dfrac{1 - \cos 2\alpha}{1 + \cos 2\alpha}}$
$\cot\alpha = \sqrt{\dfrac{1 + \cos 2\alpha}{1 - \cos 2\alpha}}$

$\sin\alpha + \sin\beta = 2 \cdot \sin\dfrac{\alpha+\beta}{2} \cdot \cos\dfrac{\alpha-\beta}{2}$
$\sin\alpha - \sin\beta = 2 \cdot \cos\dfrac{\alpha+\beta}{2} \cdot \sin\dfrac{\alpha-\beta}{2}$
$\cos\alpha + \cos\beta = 2 \cdot \cos\dfrac{\alpha+\beta}{2} \cdot \cos\dfrac{\alpha-\beta}{2}$
$\cos\alpha - \cos\beta = 2 \cdot \sin\dfrac{\alpha+\beta}{2} \cdot \sin\dfrac{\alpha-\beta}{2}$

Sphärische Trigonometrie

Rechtwinkliges Kugeldreieck

$$\sin\alpha = \frac{\sin a}{\sin c} \qquad \sin\beta = \frac{\sin b}{\sin c}$$

$$\cos\alpha = \frac{\tan b}{\tan c} = \cos a \cdot \sin\beta \qquad \cos\beta = \frac{\tan a}{\tan c} = \cos b \cdot \sin\alpha$$

$$\tan\alpha = \frac{\tan a}{\sin b} \qquad \tan\beta = \frac{\tan b}{\sin a}$$

$$\cos c = \cos a \cdot \cos b = \cot\alpha \cdot \cot\beta$$

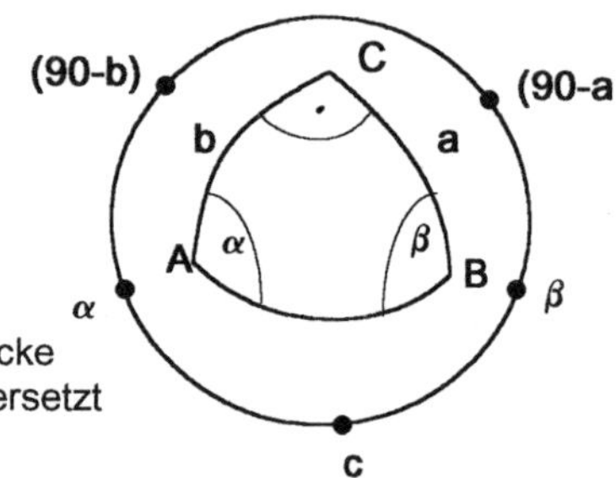

***Neper*sche Regel:**

cos eines Stückes = Produkt der cot der benachbarten Stücke
Produkt der sin der nicht benachbarten Stücke
wobei a durch (90° - a) und b durch (90° - b) ersetzt und Winkel $\gamma = 90°$ nicht beachtet wird.

Schiefwinkliges Kugeldreieck

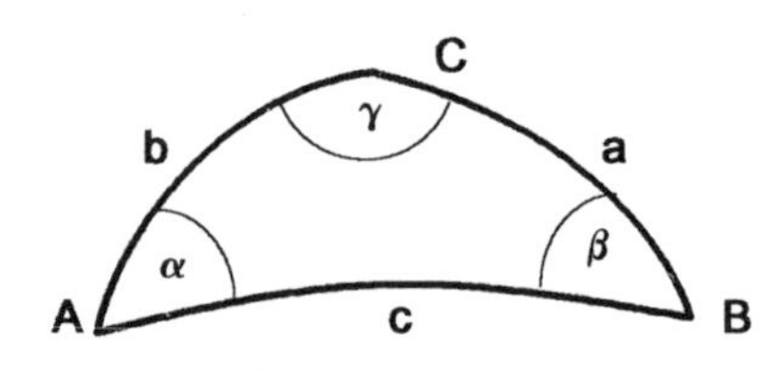

Sinussatz

$$\frac{\sin a}{\sin\alpha} = \frac{\sin b}{\sin\beta} = \frac{\sin c}{\sin\gamma}$$

Seitenkosinussatz

$$\cos a = \cos b \cdot \cos c + \sin b \cdot \sin c \cdot \cos\alpha$$
$$\cos b = \cos c \cdot \cos a + \sin c \cdot \sin a \cdot \cos\beta$$
$$\cos c = \cos a \cdot \cos b + \sin a \cdot \sin b \cdot \cos\gamma$$

Winkelkosinus

$$\cos\alpha = -\cos\beta \cdot \cos\gamma + \sin\beta \cdot \sin\gamma \cdot \cos a$$
$$\cos\beta = -\cos\gamma \cdot \cos\alpha + \sin\gamma \cdot \sin\alpha \cdot \cos b$$
$$\cos\gamma = -\cos\alpha \cdot \cos\beta + \sin\alpha \cdot \sin\beta \cdot \cos c$$

Fläche

$$F = \frac{r^2 \cdot \varepsilon}{\text{rad}}$$ *r = Radius*

$\varepsilon = \alpha + \beta + \gamma - 180°$ *(sphärischer Exzeß)*

Vermessungstechnische Grundaufgaben

Einfache Koordinatenberechnungen

Richtungswinkel und Entfernung

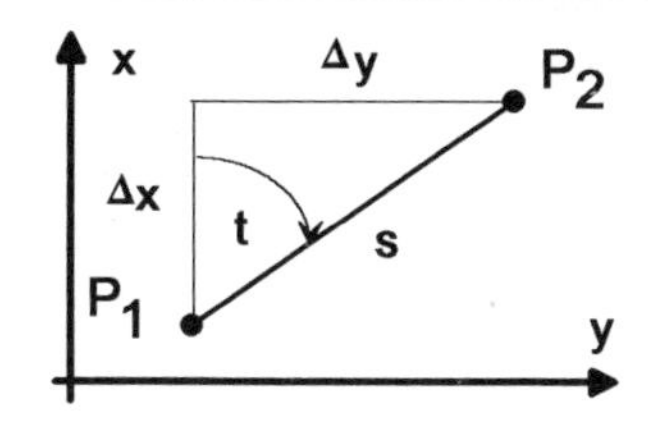

$$\Delta y = y_2 - y_1$$
$$\Delta x = x_2 - x_1$$

Richtungswinkel $$t_{1,2} = \arctan \frac{\Delta y}{\Delta x}$$

Quadrant	t	Δy	Δx	Funktion auf Taschenrechner: arctan = $\tan^{-1}$
I	t (+ 400 gon)	+	+	+ arctan
II	t + 200 gon	+	-	- arctan
III	t + 200 gon	-	-	+ arctan
IV	t + 400 gon	-	+	- arctan

Entfernung $$s_{1,2} = \sqrt{\Delta y^2 + \Delta x^2}$$

Probe: $\Delta y + \Delta x = (y_2 + x_2) - (y_1 + x_1) = s \cdot \sqrt{2} \cdot \sin \left(t_{1,2} + 50 \text{ gon} \right)$

Die Berechnung von **Richtungswinkel** und **Entfernung** ist auch mit der Tastenfunktion **R - P** eines Taschenrechners möglich. Die Rechenfolge ist aus der Gebrauchsanweisung des Taschenrechners zu entnehmen.

Genauigkeit:

Standardabweichung eines Richtungswinkels

$$s_t = \sqrt{\frac{s_P}{s} \cdot \text{rad}}$$

Standardabweichung einer Strecke nach Pythagoras

$$s_s = \sqrt{\left(\frac{\Delta y}{s}\right)^2 \cdot \left(s_{y_1}^2 + s_{y_2}^2\right) + \left(\frac{\Delta x}{s}\right)^2 \cdot \left(s_{x_1}^2 + s_{x_2}^2\right)}$$

$$s_s = \sqrt{s_1^2 + s_2^2} \qquad \text{für } s_1 = s_{x_1} = s_{x_2} \text{ und } s_2 = s_{y_1} = s_{y_2}$$

s_{x_i}, s_{y_i} = *Standardabweichung der Koordinaten eines Punktes*

Einfache Koordinatenberechnungen

Richtungswinkel und Entfernung

Näherungsformel für Spannmaßberechnung

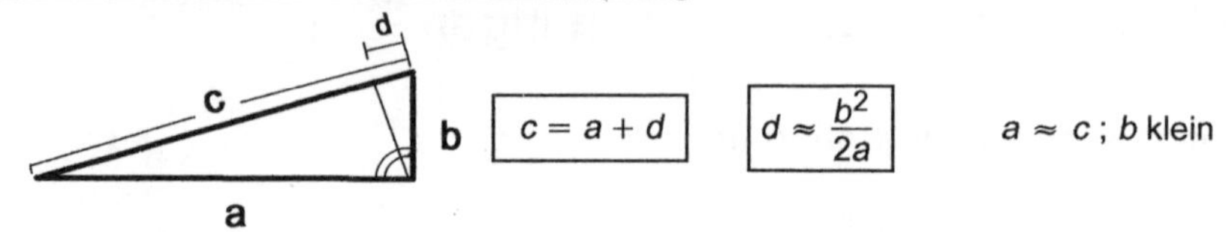

Polarpunktberechnung

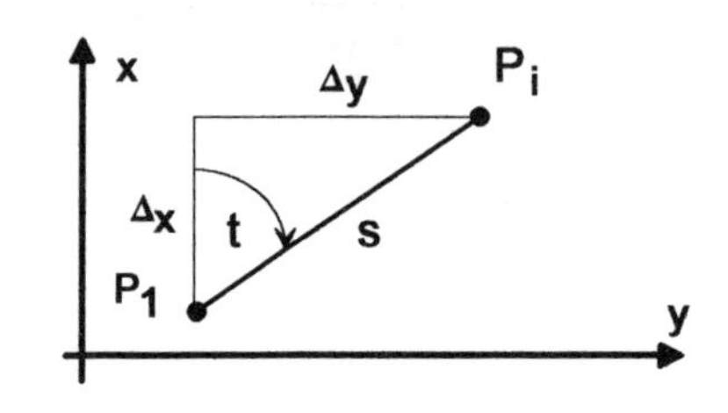

$$\Delta y = s \cdot \sin t \qquad \Delta x = s \cdot \cos t$$

t = *Richtungswinkel*
s = *Entfernung*

$$y_i = y_1 + \Delta y \qquad x_i = x_1 + \Delta x$$

Probe: $s^2 = \Delta y^2 + \Delta x^2$

Die **Polarpunktberechnung** kann auch mit der Tastenfunktion **P - R** eines Taschenrechners erfolgen. Die Rechenfolge ist der Gebrauchsanweisung des Taschenrechners zu entnehmen.

Genauigkeit:

Standardabweichung der Koordinaten

$$s_y = \sqrt{\left(\frac{\Delta y}{s} \cdot s_s\right)^2 + \left(\Delta x \cdot \frac{s_\alpha}{\text{rad}}\right)^2} \qquad s_x = \sqrt{\left(\frac{\Delta x}{s} \cdot s_s\right)^2 + \left(\Delta y \cdot \frac{s_\alpha}{\text{rad}}\right)^2}$$

Standardabweichung eines Punktes

$$s_P = \sqrt{s_x^2 + s_y^2} \qquad s_P = \sqrt{s_s^2 + \left(s \cdot \frac{s_\alpha}{\text{rad}}\right)^2}$$

Standardabweichung der Querabweichung

$$s_q = \sqrt{s \cdot \frac{s_\alpha}{\text{rad}}}$$

$s_t = s_\alpha$ = *Standardabweichung des Richtungswinkels*
s_s = *Standardabweichung einer Strecke*

Kleinpunktberechnung

$$o = \frac{Y_E - Y_A}{s}$$

$$a = \frac{X_E - X_A}{s}$$

$s = x_E - x_A =$ *gemessene Strecke*

$S = \sqrt{(Y_E - Y_A)^2 + (X_E - X_A)^2}$ = *gerechnete Strecke*

Maßstabsfaktor $m = \frac{S}{s}$

Probe: $Y_E = Y_A + o \cdot s$; $X_E = X_A + a \cdot s$; $a^2 + o^2 \approx 1$

Kleinpunkt in der Geraden

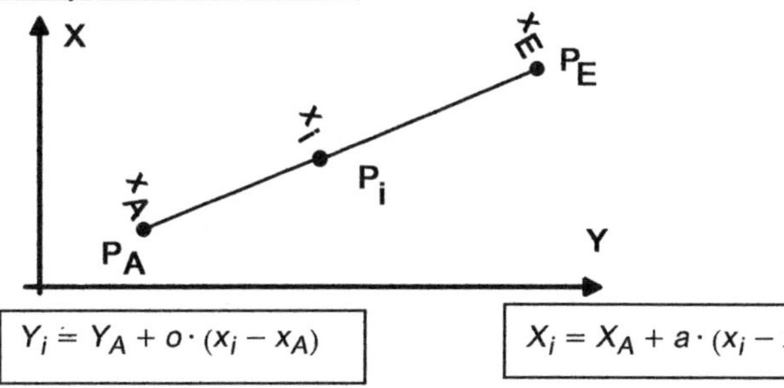

$$Y_i = Y_A + o \cdot (x_i - x_A)$$

$$X_i = X_A + a \cdot (x_i - x_A)$$

Probe:
$[Y_i] = n \cdot Y_A + o \cdot ([x_i] - n \cdot x_A)$ $[X_i] = n \cdot X_A + a \cdot ([x_i] - n \cdot x_A)$
oder
Berechnung von Y_E, X_E von P_A über P_i

Seitwärts gelegener Punkt

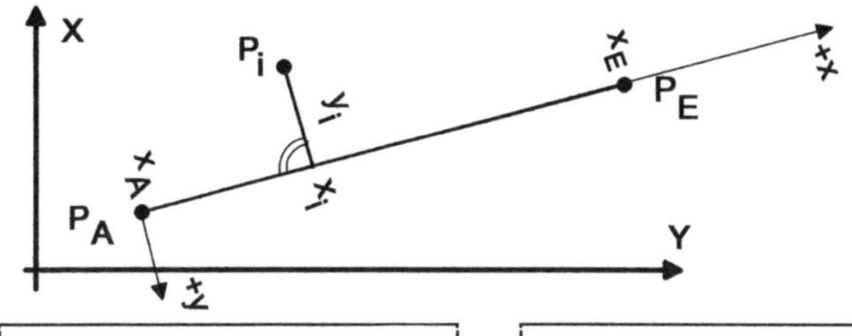

$$Y_i = Y_A + o \cdot (x_i - x_A) + a \cdot y_i$$

$$X_i = X_A + a \cdot (x_i - x_A) - o \cdot y_i$$

Probe:
$[Y_i] = n \cdot Y_A + o \cdot ([x_i] - n \cdot x_A) + a \cdot [y_i]$
$[X_i] = n \cdot X_A + a \cdot ([x_i] - n \cdot x_A) - o \cdot [y_i]$
oder
Berechnung von Y_E, X_E von P_A über P_i

Höhe und Höhenfußpunkt

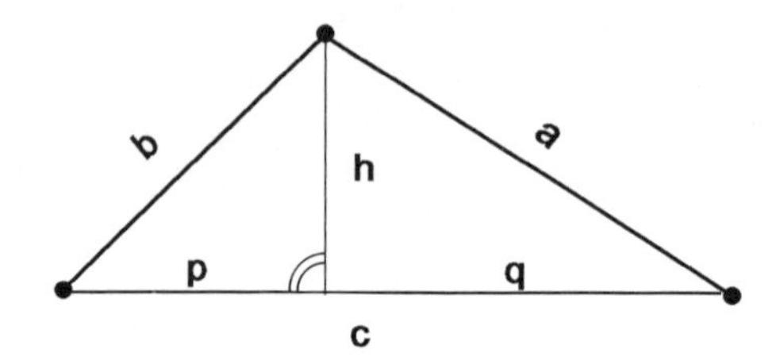

$$p = \frac{b^2 + c^2 - a^2}{2c} \qquad q = c - p \qquad b > a: \quad h = \sqrt{b^2 - p^2}$$

$$q = \frac{a^2 + c^2 - b^2}{2c} \qquad p = c - q \qquad a > b: \quad h = \sqrt{a^2 - q^2}$$

Genauigkeit:

Standardabweichung der Seite p

$$s_p = \sqrt{\left(\frac{b}{c} \cdot s_b\right)^2 + \left(\frac{1}{2} \cdot s_c\right)^2 + \left(\frac{a}{c} \cdot s_a\right)^2}$$

Standardabweichung der Höhe h

$$s_h = \sqrt{\frac{b^2 \cdot s_b^2 + p^2 \cdot s_p^2}{h^2}}$$

s_a, s_b, s_c = *Standardabweichung der Seiten a,b,c*

Schnitt mit Gitterlinie

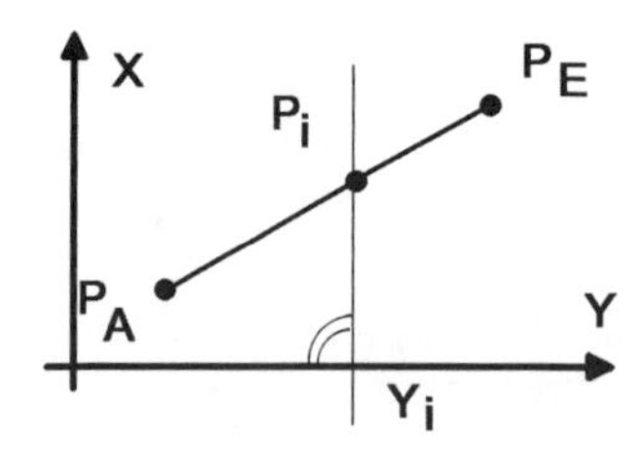

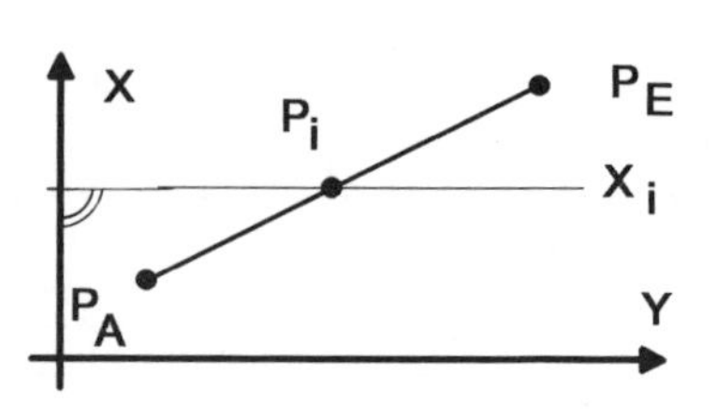

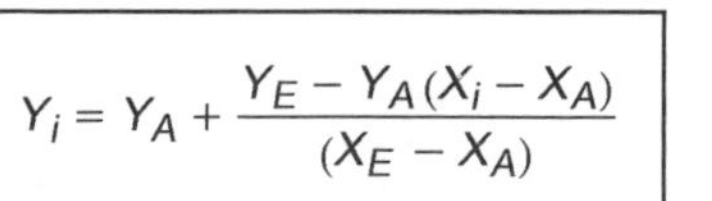

$$Y_i = Y_A + \frac{Y_E - Y_A (X_i - X_A)}{(X_E - X_A)}$$

$$X_i = X_A + \frac{(X_E - X_A)(Y_i - Y_A)}{(Y_E - Y_A)}$$

Geradenschnitt

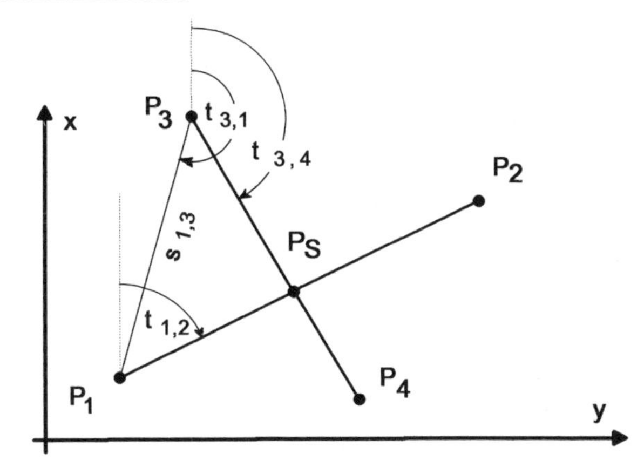

1. Möglichkeit

$$\tan t_{1,2} = \frac{y_2 - y_1}{x_2 - x_1} \qquad \tan t_{3,4} = \frac{y_4 - y_3}{x_4 - x_3}$$

$$x_S = x_3 + \frac{(y_3 - y_1) - (x_3 - x_1) \cdot \tan t_{1,2}}{\tan t_{1,2} - \tan t_{3,4}}$$

$$y_S = y_1 + (x_S - x_1) \cdot \tan t_{1,2}$$
$$y_S = y_3 + (x_S - x_3) \cdot \tan t_{3,4}$$

Probe: $\tan t_{1,2} = \dfrac{y_2 - y_S}{x_2 - x_S}$ oder $\tan t_{3,4} = \dfrac{y_4 - y_S}{x_4 - x_S}$

2. Möglichkeit:

Berechnung der Richtungswinkel $t_{1,2}, t_{3,1}, t_{3,4}$
und der Strecke $s_{1,3}$ aus Koordinaten (R-P)

$$s_{1,S} = s_{1,3} \cdot \frac{\sin\left[t_{3,1} - t_{3,4}\right]}{\sin\left[t_{3,4} - t_{1,2}\right]}$$

$$y_S = y_1 + s_{1,S} \cdot \sin t_{1,2}$$
$$x_S = x_1 + s_{1,S} \cdot \cos t_{1,2} \qquad (\text{P - R})$$

Probe: $t_{1,2} = t_{1,S}$

Schnitt Gerade - Kreis

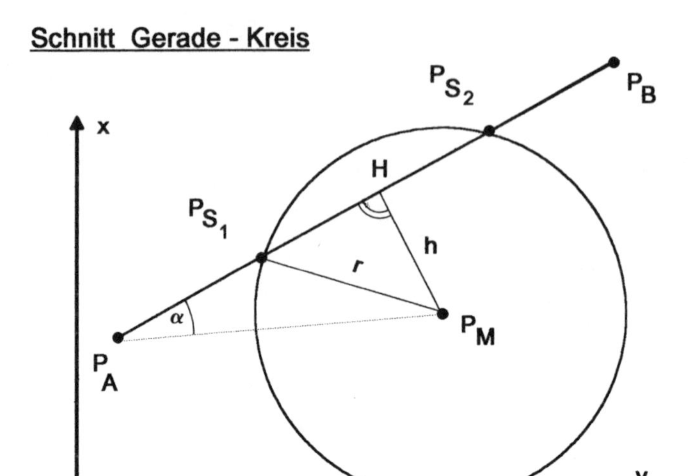

Berechnung der Richtungswinkel $t_{A,B}, t_{A,M}$ und der Strecken $\overline{AB}, \overline{AM}$ aus Koordinaten (R - P)

$$\alpha = t_{A,M} - t_{A,B}$$

$$h = \overline{AM} \cdot \sin\alpha$$

$h > r$: keine Lösung
$h = r$: 1 Lösung (Berührungspunkt)
$h < r$: 2 Lösungen

$$\overline{HS} = \sqrt{r^2 - h^2}$$

$$\overline{AH} = \sqrt{\overline{AM}^2 - h^2}$$

$$\overline{AS_1} = \overline{AH} - \overline{HS}$$

$$\overline{AS_2} = \overline{AH} + \overline{HS}$$

$$y_{S_1} = y_A + \overline{AS_1} \cdot \sin t_{A,B}$$
$$x_{S_1} = x_A + \overline{AS_1} \cdot \cos t_{A,B}$$
(P - R)

$$y_{S_2} = y_A + \overline{AS_2} \cdot \sin t_{A,B}$$
$$x_{S_2} = x_A + \overline{AS_2} \cdot \cos t_{A,B}$$
(P - R)

Probe: $\overline{SM} = r$ und $t_{A,B} = t_{A,S}$

Flächenberechnung

Flächenberechnung aus Maßzahlen

Dreieck

Allgemein

2F = Grundseite x Höhe

$$2F = a \cdot b \cdot \sin\gamma = a \cdot c \cdot \sin\beta = b \cdot c \cdot \sin\alpha$$

$$2F = 4 \cdot r^2 \cdot (\sin\alpha \cdot \sin\beta \cdot \sin\gamma) \qquad r = \text{Umkreisradius}$$

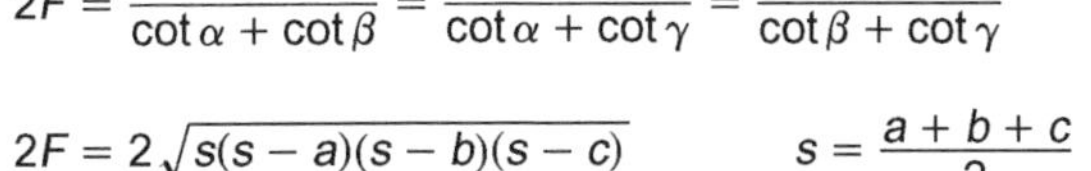

$$2F = \frac{c^2}{\cot\alpha + \cot\beta} = \frac{b^2}{\cot\alpha + \cot\gamma} = \frac{a^2}{\cot\beta + \cot\gamma}$$

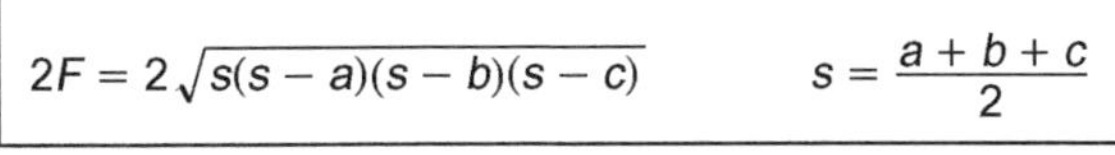

$$2F = 2\sqrt{s(s-a)(s-b)(s-c)} \qquad s = \frac{a+b+c}{2}$$

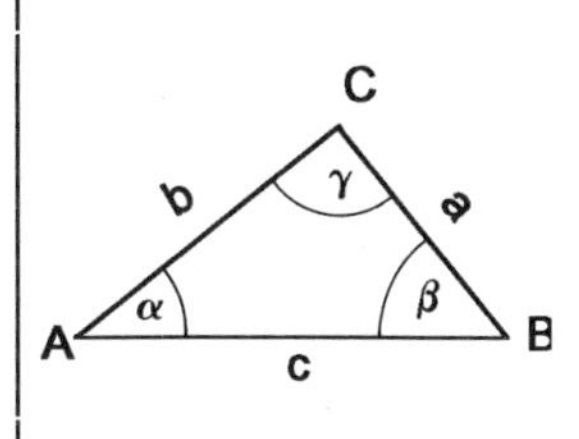

Rechtwinkliges Dreieck Gleichschenkliges Dreieck Gleichseitiges Dreieck

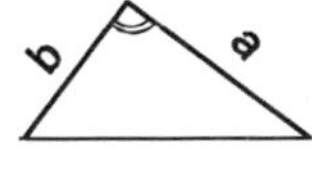

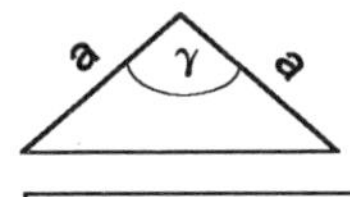

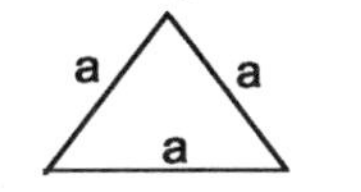

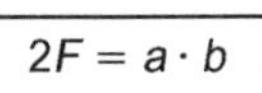

$$2F = a \cdot b$$

$$2F = a^2 \cdot \sin\gamma$$

$$2F = \frac{1}{2} \cdot a^2 \cdot \sqrt{3}$$

Trapez

Allgemein

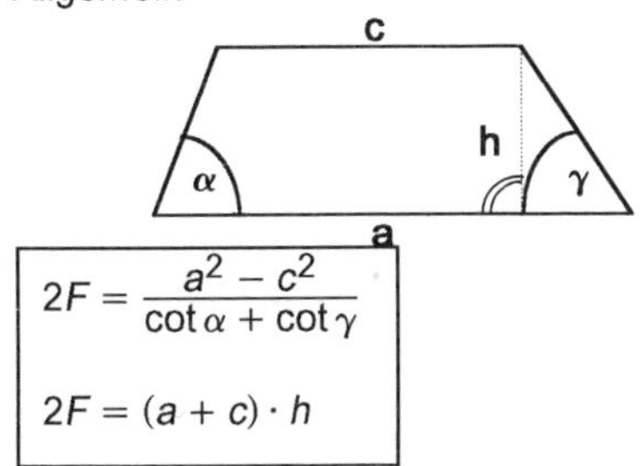

$$2F = \frac{a^2 - c^2}{\cot\alpha + \cot\gamma}$$

$$2F = (a + c) \cdot h$$

Verschränktes Trapez

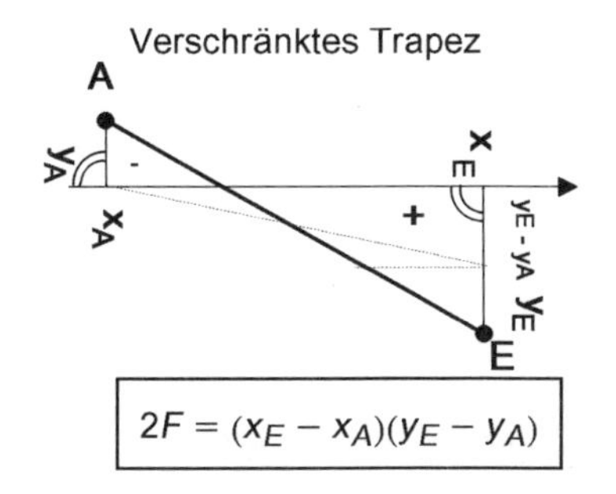

$$2F = (x_E - x_A)(y_E - y_A)$$

Kreis

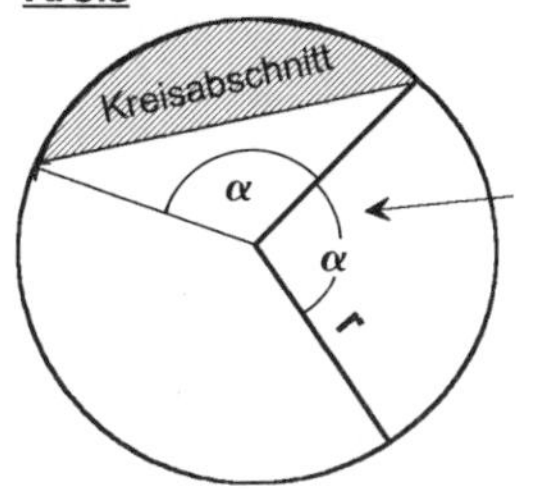

Kreisfläche $F = \pi \cdot r^2 = \frac{\pi}{4} \cdot d^2$

Kreisausschnitt (Sektor) $F = \frac{\alpha \cdot r^2}{2\ \text{rad}}$

Kreisabschnitt (Segment) $F = \frac{r^2}{2} \cdot \left(\frac{\alpha}{\text{rad}} - \sin\alpha\right)$

Flächenberechnung aus Koordinaten

Gaußsche Flächenformel

Trapezformel

$$2F = \sum_{i=1}^{n} (y_i + y_{i+1})(x_i - x_{i+1})$$

$$2F = \sum_{i=1}^{n} (x_i + x_{i+1})(y_{i+1} - y_i)$$

Dreiecksformel

$$2F = \sum_{i=1}^{n} y_i (x_{i-1} - x_{i+1})$$

$$2F = \sum_{i=1}^{n} x_i (y_{i+1} - y_{i-1})$$

Fläche aus Polarkoordinaten

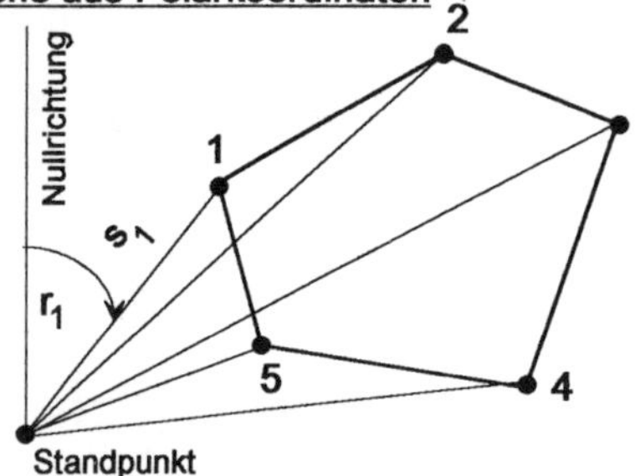

r_i = gemessene Richtung

s_i = gemessene Strecke

Grundformel: $F = \frac{1}{2} a \cdot b \cdot \sin\gamma$

$$2F = \sum_{i=1}^{n} s_i \cdot s_{i+1} \cdot \sin(r_{i+1} - r_i)$$

Flächenreduktion im Gauß - Krüger - System

$$r_F\left[\mathrm{m}^2\right] = \frac{Y^2\left[\mathrm{km}^2\right] \cdot F\left[\mathrm{m}^2\right]}{R^2\left[\mathrm{km}^2\right]}$$

R = Erdradius 6380 km

Y = Abstand vom Mittelmeridian

Zulässige Abweichungen für Flächenberechnungen

Baden - Württemberg:

Z_F bedeutet die größte zulässige Abweichung in Quadratmetern zwischen zwei Flächenberechnungen derselben Berechnungsart

Flächenberechnung aus Feldmaßen und Koordinaten:

Fehlerklasse 1,2 $Z_F = 0{,}2\sqrt{F}$

Fehlerklasse 3 $Z_F = 0{,}3\sqrt{F}$

Flächenteilungen

Dreieck

Nach der Ermittlung der Strecken s_i werden die Koordinaten der Neupunkte P_i mit diesen Strecken s_i über die **Kleinpunktberechnung** ermittelt.

Probe: F_1 aus Koordinaten berechnen

Von einem Eckpunkt

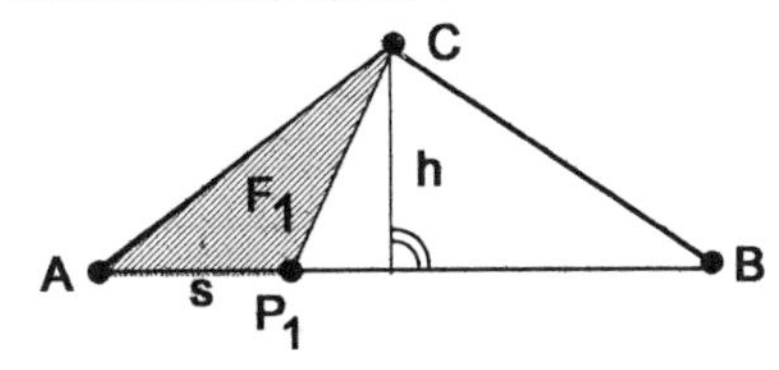

$$s = \frac{F_1 \cdot \overline{AB}}{F} = \frac{2F_1}{h}$$

F = Δ*ABC* ; F_1 = *Teilungsfläche*

Durch gegebenen Punkt P

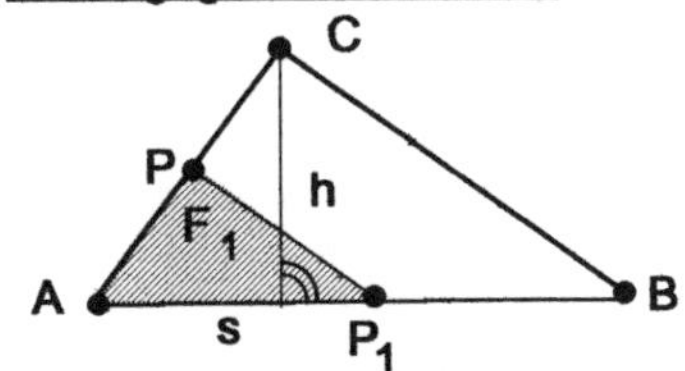

$$s = \frac{F_1 \cdot \overline{AC} \cdot \overline{AB}}{F \cdot \overline{AP}} = \frac{2F_1 \cdot \overline{AC}}{h \cdot \overline{AP}}$$

F = Δ*ABC* ; F_1 = *Teilungsfläche*

Parallel zur Grundlinie

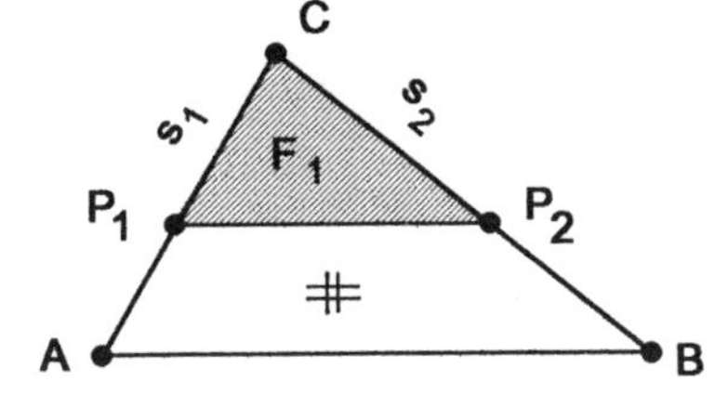

$$s_1 = \overline{AC} \cdot \sqrt{\frac{F_1}{F}} \qquad s_2 = \overline{BC} \cdot \sqrt{\frac{F_1}{F}}$$

F = Δ*ABC* ; F_1 = *Teilungsfläche*

Parallel zur Höhe

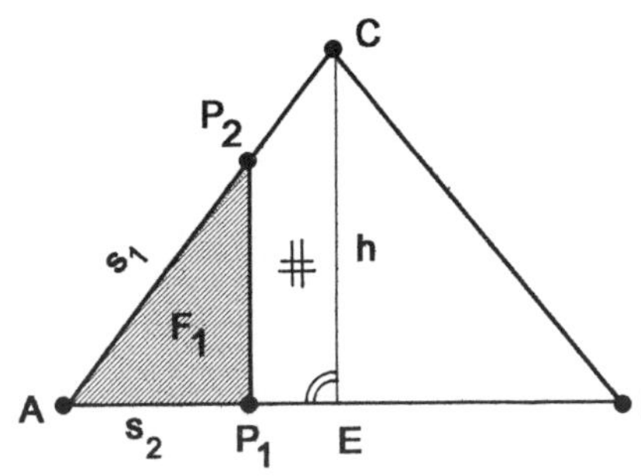

Berechnung von *h* , $\overline{AE}$ mit **Höhe und Höhenfußpunkt**

$$s_1 = \overline{AC} \cdot \sqrt{\frac{F_1}{F_2}} \qquad s_2 = \overline{AE} \cdot \sqrt{\frac{F_1}{F_2}}$$

B $$F_2 = F - \left\{ \frac{\overline{AE} \cdot h}{2} \right\}$$

F = Δ*ABC* ; F_1 = *Teilungsfläche*

Viereck

Nach der Ermittlung der Strecken s_i werden die Koordinaten der Neupunkte P_i mit diesen Strecken s_i über die **Kleinpunktberechnung** ermittelt.

Probe: F_1 aus Koordinaten berechnen

Von einem Eckpunkt

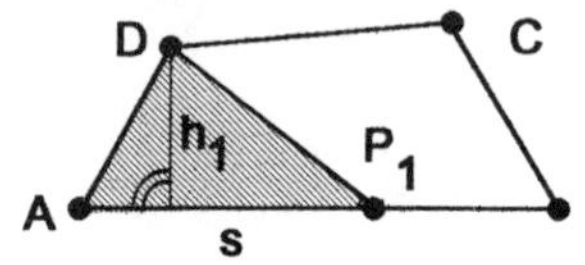

$$s = \frac{2F_1}{h_1} = \frac{F_1 \cdot \overline{AB}}{F_{\Delta ABD}}$$

F_1 = *Teilungsfläche*

Durch gegebenen Punkt P

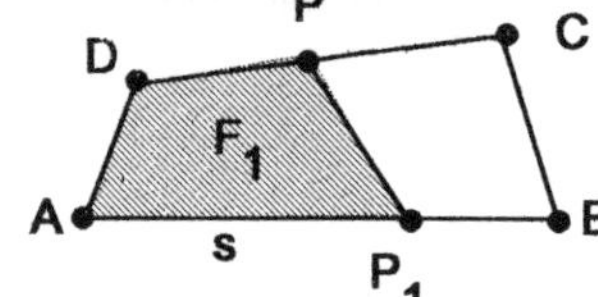

$F_1' = F_1 - F_{\Delta APD}$ F_1 = *Teilungsfläche*

$$s = \frac{F_1' \cdot \overline{AB}}{F_{\Delta ABP}}$$

Parallelteilung

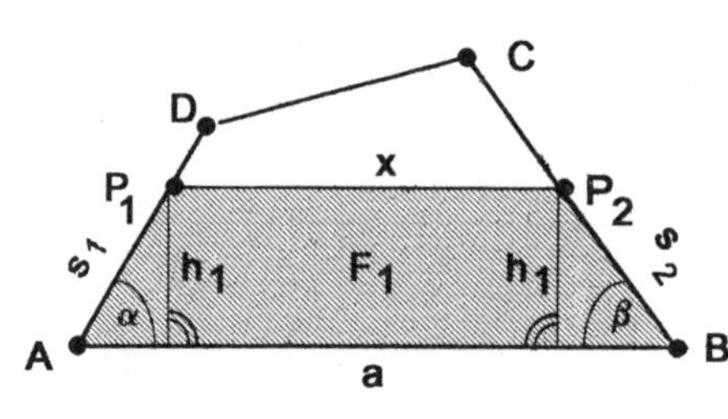

$$x = \sqrt{a^2 - 2F_1(\cot\alpha + \cot\beta)}$$

$$h_1 = \frac{2F_1}{a + x}$$

$$s_1 = \frac{h_1}{\sin\alpha} \qquad s_2 = \frac{h_1}{\sin\beta}$$

F_1 = *Teilungsfläche*

Senkrechtteilung

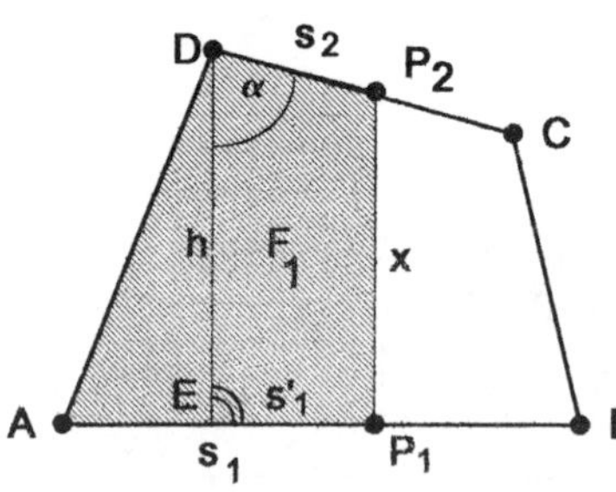

Berechnung von h, $\overline{AE}$ mit **Höhe und Höhenfußpunkt**

$F_1' = F_1 - F_{\Delta AED}$ F_1 = *Teilungsfläche*

$$x = \sqrt{h^2 - 2F_1' \cdot \cot\alpha} \qquad s_1' = \frac{2F_1'}{h + x}$$

$$s_1 = \overline{AE} + s_1' \qquad s_2 = \frac{s_1'}{\sin\alpha}$$

Sonderfall

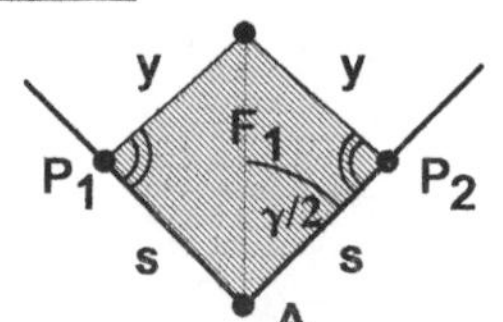

$$s = \sqrt{F_1 \cdot \cot\frac{\gamma}{2}} \qquad y = \frac{F_1}{s}$$

F_1 = *Teilungsfläche*

Winkelmessung

Instrumentenfehler am Theodolit

Zielachsenfehler c

c ist der Winkel, um den die Zielachse des Theodolits vom rechten Winkel zur Kippachse abweicht.

k_C ist die Korrektion einer Richtung in einer Fernrohrlage wegen eines Zielachsenfehlers.

Bestimmung:

Anzielen eines etwa in Kippachsenhöhe liegenden Punktes in zwei Fernrohrlagen

$$c = \frac{(A_{II} - A_I) - 200 \text{ gon}}{2}$$

A_I = *Ablesung Horizontalrichtung Lage I*
A_{II} = *Ablesung Horizontalrichtung Lage II*

Auswirkungen auf die Horizontalrichtung

$$k_C = \frac{c}{\sin z}$$

z = *Zenitwinkel*

Minimum z = 100 gon ; $k_C = c$
Maximum z = 0 gon

Auswirkungen auf den Horizontalwinkel

$$\Delta k_C = c\left(\frac{1}{\sin z_2} - \frac{1}{\sin z_1}\right)$$

Der **Zielachsenfehler** kann durch Beobachten der Horizontalrichtung in zwei Fernrohrlagen und Mittelung der Meßwerte **eliminiert** werden.

Kippachsenfehler k

k ist der Winkel, um den die Kippachse vom rechten Winkel zur Stehachse abweicht.

k_k ist die Korrektion einer Richtung in einer Fernrohrlage wegen eines Kippachsenfehlers.

Instrumentenfehler am Theodolit

Bestimmung:

a) Anzielen eines hochgelegenen Punktes in zwei Fernrohrlagen

$$k = \left[\frac{(A_{II} - A_{I}) - 200 \text{ gon}}{2} - \frac{c}{\sin z} \right] \tan z$$

A_I = Ablesung Horizontalrichtung Lage I
A_{II} = Ablesung Horizontalrichtung Lage II
z = Zenitwinkel

b) Abloten eines hohen Punktes in zwei Fernrohrlagen, nachdem Steh- und Zielachsenfehler beseitigt sind.

$$k = \arctan \frac{l}{2s} \cdot \tan z$$

l = Abstand $A_1 A_2$ am Maßstab
s = Abstand Theodolit-Maßstab
z = Zenitwinkel

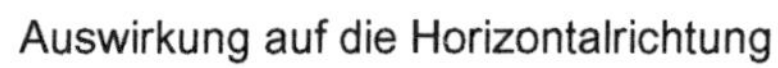

Auswirkung auf die Horizontalrichtung

$$k_k = k \cdot \cot z$$

z = Zenitwinkel

Minimum $z = 100$ gon ; $k = 0$
Maximum $z = 0$ gon

Auswirkung auf den Horizontalwinkel

$$\Delta k_k = k \cdot (\cot z_2 - \cot z_1)$$

Der **Kippachsenfehler** kann durch Beobachten der Horizontalrichtung in zwei Fernrohrlagen und Mittelung der Meßwerte **eliminiert** werden.

Gemeinsame Bestimmung von Zielachsen - und Kippachsenfehler

Messung einer Horizontalrichtung zu zwei Punkten in zwei Fernrohrlagen

$$\Delta R_i = (A_{II} - A_I - 200 \text{ gon}) = 2k_C + 2k_k$$

A_I = Ablesung Horizontalrichtung Lage I
A_{II} = Ablesung Horizontalrichtung Lage II
z = Zenitwinkel

Kippachsenfehler

$$k = \frac{\Delta R_1 \cdot \sin z_1 - \Delta R_2 \cdot \sin z_2}{2(\cos z_1 - \cos z_2)}$$

Zielachsenfehler

$$c = \frac{\Delta R_1 \cdot \sin z_1 - 2k \cdot \cos z_1}{2}$$

Höhenindexkorrektion k_Z

Korrektion eines in einer Fernrohrlage gemessenen Zenitwinkels wegen fehlerhafter Stellung des Höhenindex.

Bestimmung:

Anzielen eines Punktes in beiden Fernrohrlagen und Ablesen der Zenitwinkel

$$k_Z = \frac{400\text{ gon} - (z_I - z_{II})}{2}$$

z_I = *Ablesung Zenitwinkel Lage I*
z_{II} = *Ablesung Zenitwinkel Lage II*

Verbesserung

$$v_Z = k_Z$$

Die **Höhenindexkorrektion** wird durch Beobachten des Zenitwinkels in zwei Fernrohrlagen und Abgleichung der Ablesungen auf 400gon **eliminiert** .

Stehachsenfehler v

Winkel, den die Stehachse des Theodolits mit der Lotrichtung bildet.
Kein Instrumentenfehler, deshalb nicht durch Messung in zwei Fernrohrlagen zu eliminieren.

Bestimmung:

Ablesung des Zenitwinkels z
bei Horizontalrichtungen von R = 0, 100, 200 und 300 gon (z_0, z_1, z_2, z_3)

$$v_1 = \frac{1}{2}(z_2 - z_0) \qquad v_2 = \frac{1}{2}(z_3 - z_1)$$

Auswirkung auf die Horizontalrichtung R_i

$$k_V = (v_1 \cdot \sin R_i - v_2 \cdot \cos R_i)\cot z_i$$

Horizontalwinkelmessung

Begriffsbestimmung

Beobachten in Halbsätzen: Beobachten in Lage I (A_I)
Teilkreisverstellung um wenige gon
Beobachten in Lage II (A_{II})

Beobachten in Vollsätzen: Beobachten in Lage I (A_I) und Lage II (A_{II})
Teilkreisverstellung um 200/n
weitere n - 1 Beobachtungen in Lage I und Lage II

n = Anzahl der Sätze

Satzweise Richtungsmessung

Berechnung:

Reduzierung der Ablesungen in jedem Satz auf die erste Richtung $R_1 = 0$

$$R_i = \frac{A_I + (A_{II} - 200\text{ gon})}{2} - R_1[\text{Lage I}]$$

A_I = Ablesung Lage I *A_{II} = Ablesung Lage II*

Mittel aus allen Sätzen

$$R_{iM} = \frac{[R_i]}{n}$$

n = Anzahl der Sätze *s = Anzahl der Richtungen*

Summenprobe

$$[A_I] + [A_{II}] = 2n \cdot [R_{iM}] + s \cdot (R_1[\text{Lage I}] + R_1[\text{Lage II}])$$

Genauigkeit:

$d_i = R_{iM} - R_i$ $v_i = d_i - [d] / s$ $[v_i] = 0$

Standardabweichung einer in einem Satz beobachteten Richtung

$$s_R = \sqrt{\frac{[vv]}{(n-1)(s-1)}}$$

s = Anzahl der Richtungen

n = Anzahl der Sätze

Standardabweichung einer in n - Sätzen beobachteten Richtung

$$s_{\overline{R}} = s_R \cdot \frac{1}{\sqrt{n}}$$

Standardabweichung eines Winkels

$$s_\alpha = s_{\overline{R}} \cdot \sqrt{2}$$

Winkelmessung mit Horizontschluß

Alle Winkel zwischen zwei Richtungen werden einzeln beobachtet.

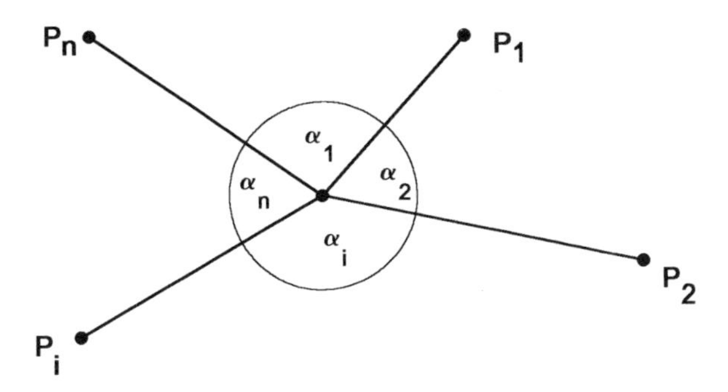

Berechnung:

ausgeglichener Winkel

$$\overline{\alpha_i} = \alpha_i + v$$

$$v = -w / s$$

Widerspruch

$$w = [\alpha_i] - 400 \text{ gon}$$

s = Anzahl der Richtungen

Genauigkeit:

Standardabweichung eines in *n* - Sätzen beobachteten Winkels

$$s_{\alpha n} = \frac{w}{\sqrt{s}}$$

s = Anzahl der Richtungen

Standardabweichung eines ausgeglichenen Winkels

$$s_{\overline{\alpha}} = s_{\alpha n} \cdot \sqrt{1 - \frac{1}{s}}$$

s = Anzahl der Richtungen

Standardabweichung eines in einem Satz beobachteten Winkels

$$s_{\alpha} = s_{\alpha n} \sqrt{n}$$

n = Anzahl der Sätze

Winkelmessung in allen Kombinationen

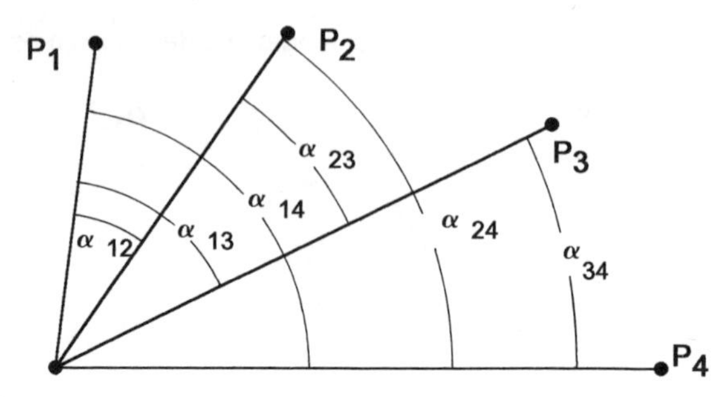

Berechnung:

$\overline{\alpha}$ = ausgeglichener Winkel:

Arith.Mittel des direkt gemessenen Winkels mit Gewicht 2
und der Summe der indirekt gemessenen Winkel mit Gewicht 1

$$\overline{\alpha}_{i,i+1} = \frac{1}{[p]} \cdot \left[2\alpha_{i,i+1} + \alpha'_{i,i+1} + ... \right]$$

p = Gewichte der Winkel

$\alpha_{i,i+1}$ = *direkt gemessener Winkel* $\alpha'_{i,i+1}$ = *indirekt ermittelter Winkel*

z.B.: α_{23} ; $\alpha''_{23} = \alpha_{13} - \alpha_{12}$; $\alpha''_{23} = \alpha_{24} - \alpha_{34}$

Anzahl der Winkel

$$n = \frac{1}{2} s \cdot (s-1)$$

s = Anzahl der Richtungen

Genauigkeit:

$$v = \overline{\alpha}_{i,i+1} - \alpha_{i,i+1}$$

Standardabweichung eines in *n* - Sätzen beobachteten Winkels

$$s_{\alpha n} = \sqrt{\frac{2[vv]}{(s-1)(s-2)}}$$

s = Anzahl der Richtungen

Standardabweichung eines in einem Satz beobachteten Winkels

$$s_{\alpha} = s_{\alpha n} \cdot \sqrt{n}$$

n = Anzahl der Sätze

Standardabweichung eines ausgeglichenen Winkels

$$s_{\overline{\alpha}} = s_{\alpha n} \cdot \sqrt{\frac{2}{s}}$$

Standardabweichung einer ausgeglichenen Richtung

$$s_R = \frac{s_{\overline{\alpha}}}{\sqrt{2}} = \frac{s_{\alpha n}}{\sqrt{s}}$$

Satzvereinigung von zwei unvollständigen Teilsätzen

Es sind mindestens zwei gemeinsame Ziele notwendig

1. Reduzieren

$$o_i = R_{1i} - R_{2i}$$

R_{1i} = *Richtung 1. Teilsatz*
R_{2i} = *Richtung 2. Teilsatz*

2. Orientierungsunbekannte

$$o = \frac{[o_i]}{n}$$

n = Anzahl der gemeinsamen Ziele

3. orientierte Richtung

$$R_{oi} = R_{2i} + o$$

4. endgültige Richtung

$$R_i = \frac{R_{1i} + R_{oi}}{2}$$

Summenprobe

$$[R_{2i}] + s \cdot o = [R_{oi}]$$

s = Anzahl der Richtungen

Verbesserung

$$v_{1i} = R_i - R_{1i}$$
$$v_{2i} = R_i - R_{oi}$$
$$v_i = \frac{(v_{1i} + v_{2i})}{2}$$

Probe: $[v_i] = [v_{1i}] = [v_{2i}] = 0$

Vertikalwinkelmessung

Höhenindexkorrektion

$$k_Z = \frac{400\text{ gon } - (z_I + z_{II})}{2}$$

fehlerfreier Winkel

$$z_{I'} = \frac{(z_I - z_{II}) + 400\text{ gon}}{2}$$

oder

$$z_{I'} = z_I + k_Z \quad ; \quad z_{II'} = z_{II} + k_Z$$

z_I = Ablesung Zenitwinkel Lage I
z_{II} = Ablesung Zenitwinkel Lage II

Summenprobe pro Standpunkt $[z_I] + n \cdot k_Z = n \cdot z$

n = Anzahl der Sätze

Genauigkeit:

Standardabweichung für die einmal bestimmte Höhenindexkorrektion

$$s_{k_Z} = \sqrt{\frac{[k_Z k_Z]}{s \cdot n - 1}}$$

s = Anzahl der Richtungen

n = Anzahl der Sätze

Standardabweichung des Mittels aller $n \cdot s$ Höhenindexkorrektionen

$$s_{\overline{k_Z}} = \frac{s_{k_Z}}{\sqrt{n \cdot s}}$$

Standardabweichung eines in n - Sätzen beobachteten Zenitwinkels

$$s_Z = \frac{s_{k_Z}}{\sqrt{n}}$$

also $s_Z > s_{\overline{k_Z}}$

Winkelmessung mit der Bussole

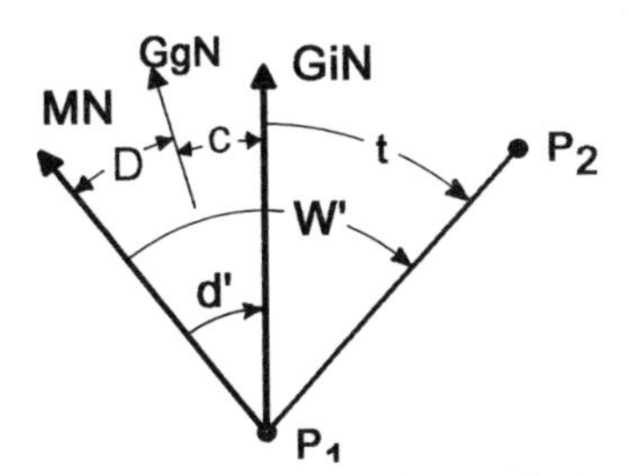

d' = *Mißweisung der Sicht*

W' = *gemessenes magnetisches Azimut*

t = *Richtungswinkel*

<u>Bestimmung der Mißweisung der Sicht *d'*:</u>

Messung des magnetischen Azimuts *W'* auf einem koordinierten Punkt P_1 nach einem koordinierten Punkt P_2

$$d' = t - W'$$

Die Mißweisung der Sicht enthält außer der Deklination *D* und der Meridiankonvergenz *c* auch noch etwaige Instrumentenfehler.

Winkelmessung mit dem Vermessungskreisel

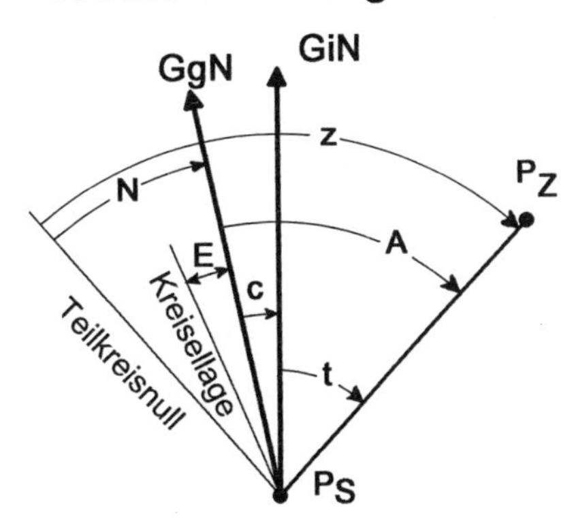

E = *Gerätekonstante*

N = *Nordlage des Kreisels*

Z = *Zielung*

Azimut

$$A = Z - (N - E) = Z - N + E$$

Richtungswinkel

$$t = A - c$$

$$t = Z - N + (E - c)$$

c = *Meridiankonvergenz*

Strecken- und Distanzmessung

Streckenmessung mit Meßbändern

Korrektionen und Reduktionen

Temperaturkorrektion

$$k_t = \alpha \cdot (t - t_0) \cdot D_A$$

α = *Ausdehnungskoeffizient :*

$\alpha_{Stahl} = 0{,}0000115$ m/m °C $\quad$ $\alpha_{Invar} = 0{,}000001$ m/m °C

t = *Bandtemperatur* $\quad$ t_0 = *Bezugstemperatur,* $t_0 = 20$°C

D_A = *abgelesene Bandlänge*

Kalibrierkorrektion

$$k_k = \frac{D_{Ist}}{D_0} \cdot D_A$$

D_{Ist} = *Ist - Wert eines Meßbandes*
Bestimmung auf einer Vergleichsstrecke oder auf einem Komparator
D_0 = *Sollänge des Meßbandes unter Normalbedingungen (Nennmaß)*
D_A = *abgelesene Bandlänge*

Spannkraftkorrektion

$$k_F = -\frac{D_A^3 \cdot F^2}{24 F_0}$$

F = *Spannkraft* $\quad$ F_0 = *Sollspannkraft* = 50N $\quad$ D_A = *abgelesene Bandlänge*

Länge eines freihängenden Bandes

$$D = D_A + k_k + k_t + k_F$$

Alignementreduktion

wegen Meßbandneigung sowie seitlicher Auslage

$$r_a = -\frac{h^2}{2D}$$

Durchhangreduktion

$$r_d = -\frac{8d^2}{3D}$$

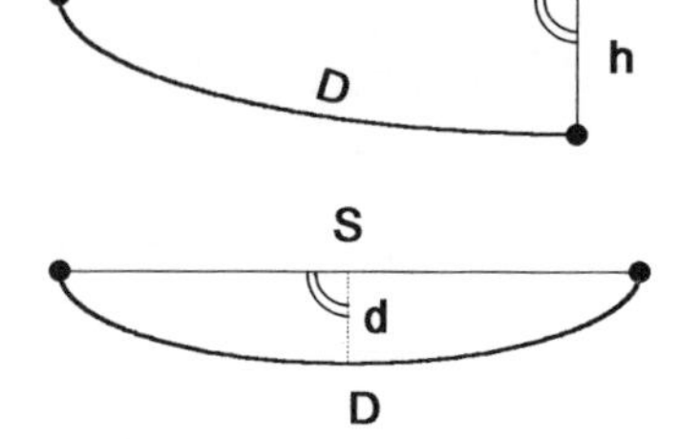

Optische Streckenmessung

Basislattenmessung

$$s = \frac{b}{2} \cdot \cot\frac{\gamma}{2}$$

Genauigkeit:

Standardabweichung der berechneten Strecke s

$$s_s = \sqrt{\left(\frac{s}{b} \cdot s_b\right)^2 + \left(\frac{s^2}{b} \cdot \frac{s_\gamma}{rad}\right)^2}$$

b fehlerfrei: $$s_s = \frac{s^2}{b} \cdot \frac{s_\gamma}{rad}$$

s_b = *Standardabweichung der Latte b*
s_γ = *Standardabweichung des Winkels* γ

Meßanordnungen:

Basis am Ende (s < 75 m)

$$s = \frac{b}{2} \cdot \cot\frac{\gamma}{2}$$

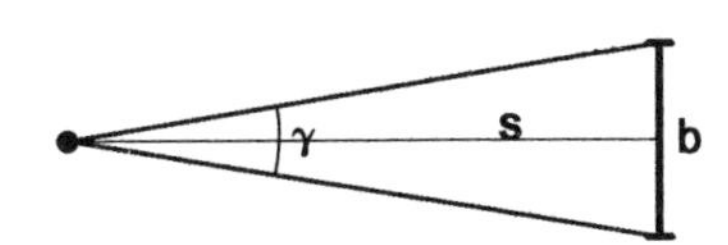

Genauigkeit:

$$s_s[cm] \approx 8{,}0 \cdot s_\gamma[mgon] \cdot s^2[hm]$$

Basis in der Mitte (75 m < s < 150 m)

$$s = \frac{b}{2} \cdot \left(\cot\frac{\gamma_1}{2} + \cot\frac{\gamma_2}{2}\right)$$

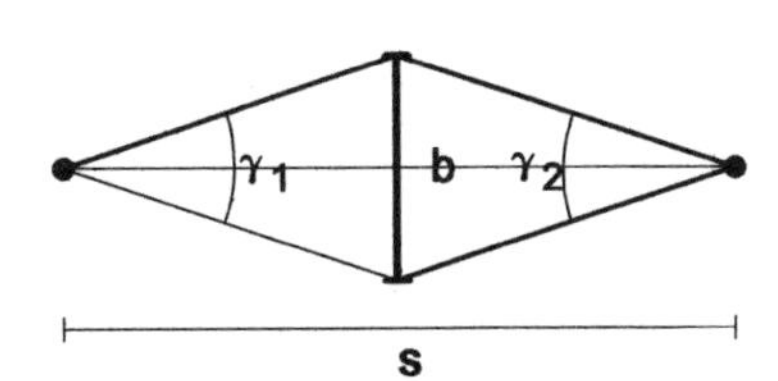

Genauigkeit:

$$s_s[cm] \approx 2{,}8 \cdot s_\gamma[mgon] \cdot s^2[hm]$$

Hilfsbasis am Ende (150 m < s < 400 m)

Forderung: $\gamma_{b_e} \approx \gamma_b \qquad b_e \approx \sqrt{b \cdot s}$

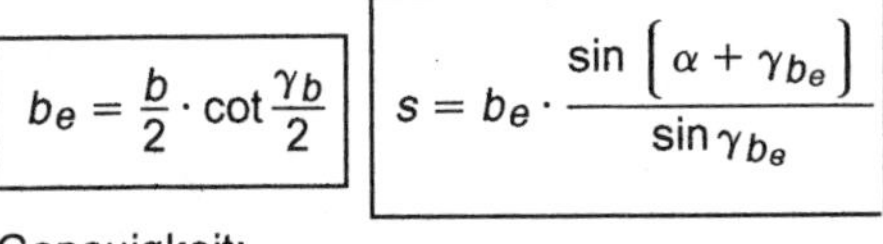

$$b_e = \frac{b}{2} \cdot \cot\frac{\gamma_b}{2}$$

$$s = b_e \cdot \frac{\sin\left(\alpha + \gamma_{b_e}\right)}{\sin\gamma_{b_e}}$$

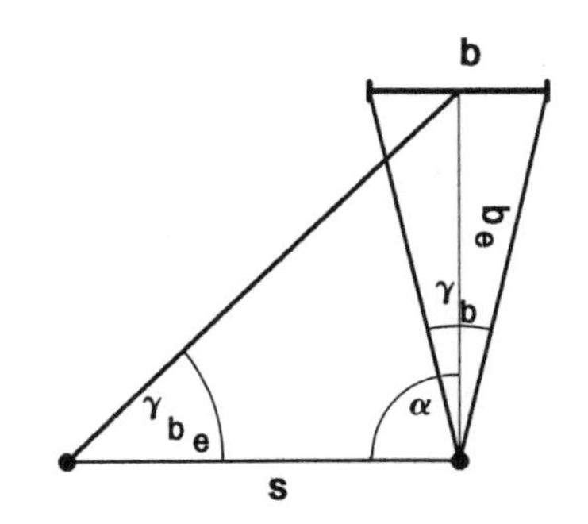

Genauigkeit:

$$s_s[cm] \approx 1{,}6 \cdot s_\gamma[mgon] \cdot \sqrt{s^3}\,[hm]$$

Optische Streckenmessung

Basislattenmessung

Fehlerbestimmung

1. Ermittlung der Basislattenlänge mit dem Doppelbildkomparator
2. Bestimmung der Additionskonstanten

   Die Additionskonstante bewirkt eine Änderung der Strecke s und der Basis b

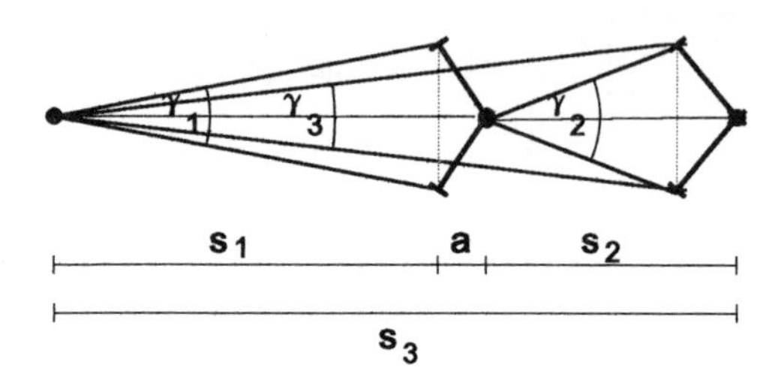

$$a = s_3 - (s_1 + s_2)$$

$$a = \frac{b}{2} \cdot \left(\cot\frac{\gamma_3}{2} - \left(\cot\frac{\gamma_2}{2} + \cot\frac{\gamma_1}{2} \right) \right)$$

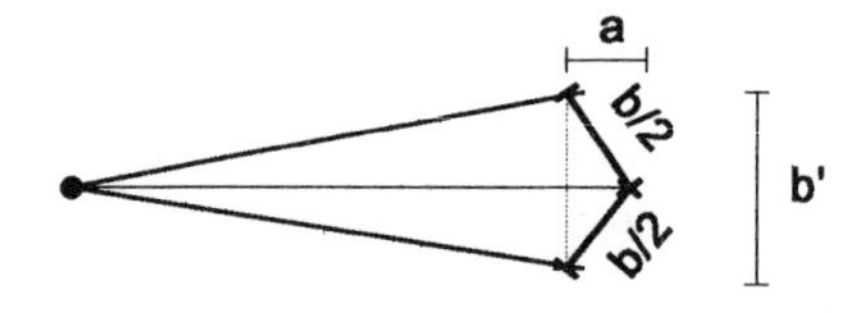

Auswirkung auf Basis b

$$b' = b \cdot \sqrt{1 - \left(\frac{2a}{b} \right)^2}$$

Auswirkung auf Strecke s

$$s_i' = s_i + a$$

Parallaktische Streckenmessung

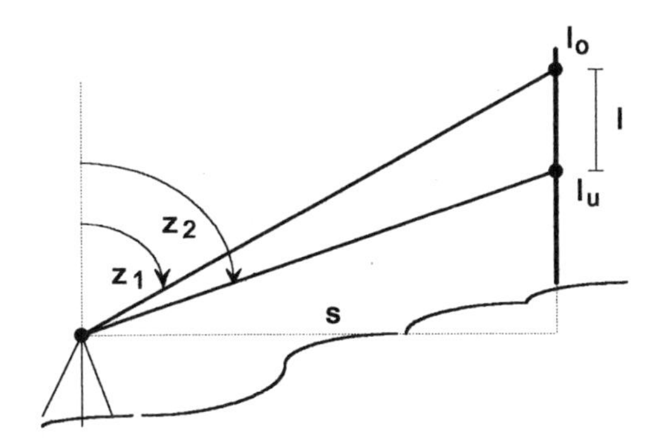

$$s = \frac{l_o - l_u}{\cot z_1 - \cot z_2}$$

l_u = *Lattenablesung unten*
l_o = *Lattenablesung oben*

Genauigkeit:

Standardabweichung der Ablesung an der Latte oben/unten

$$s_{l_o} = s_{l_u} = s \cdot \frac{s_z}{\text{rad}}$$

Standardabweichung der Lattenablesung

$$s_l = s_{l_o} \cdot \sqrt{2} = s \cdot \sqrt{2} \cdot \frac{s_z}{\text{rad}}$$

Standardabweichung der Strecke

$$s_s = \frac{s^2 \cdot \sqrt{2}}{l} \cdot \frac{s_z}{\text{rad}}$$

s_z = *Standardabweichung des Zenitwinkels*

Strichentfernungsmessung (*Reichenbach*)

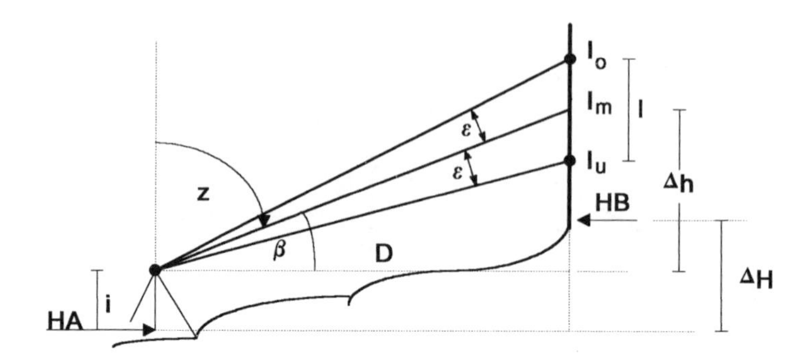

$\varepsilon = \arctan \frac{1}{2k}$ $\quad k = 100 \quad$ $\varepsilon = 0{,}3183$ gon

Ablesung: Ober- und Unterstrich

$$D = \frac{l_o - l_u}{\cot(z-\varepsilon) - \cot(z+\varepsilon)}$$

$$\Delta H = D \cdot \cot(z+\varepsilon) - l_u + i$$

Ablesung: Ober- und Mittelstrich

$$D = \frac{l_o - l_m}{\cot(z-\varepsilon) - \cot z}$$

$$\Delta H = D \cdot \cot z - l_m + i$$

l_o = *Lattenablesung oben*
l_m = *Lattenablesung mitte*
l_u = *Lattenablesung unten*

Näherungsformel:

$$D = 100 \cdot l \cdot \cos^2\beta = 100 \cdot l \cdot \sin^2 z$$

$l = l_o - l_u$

$$\Delta h = 100 \cdot l \cdot \sin\beta \cdot \cos\beta = 100 \cdot l \cdot \sin z \cdot \cos z$$

$$\Delta H = \Delta h - l_m + i$$

Elektronische Distanzmessung

Elektromagnetische Wellen

Signalgeschwindigkeit $c = \frac{c_0}{n}$

Lichtgeschwindigkeit $c_0 = 299\,792\,458$ m/s

Brechzahl n der Atmosphäre $n = \frac{c_0}{c}$ $N = (n-1) \cdot 10^6$

$n = n\,(p,t,e,\lambda)$

p = Luftdruck
t = Temperatur
e = Feuchte
λ = Trägerwellenlänge

Frequenz $f = \frac{c}{\lambda}$

Meßprinzipien der elektronischen Distanzmessung

Impulsverfahren

Der Sender sendet nur während sehr kurzer Zeit und das ausgesandte Wellenpaket (Puls) dient als Meßsignal

$$D = \frac{c_0}{2n} \cdot \Delta t$$

Δt = Impulslaufzeit
c_0 = Lichtgeschwindigkeit
n = Brechzahl der Atmosphäre

Phasenvergleichsverfahren

Der vom Sender kontinuierlich abgestrahlten Welle wird ein periodisches Meßsignal aufmoduliert

$$D = n \cdot \frac{\lambda_M}{2} + \frac{\Delta\varphi}{2\pi} \cdot \frac{\lambda_M}{2}$$

λ_M = Modulationswellenlänge
n = Anzahl der λ_M
$\Delta\varphi$ = Phasendifferenz

Einflüsse der Atmosphäre

Brechzahl N bei Licht als Trägerwelle

für Normatmosphäre nach DIN ISO 2533

(Luft trocken; 0,03% CO_2; T = 273 K p = 1023,25 hPa)

Gruppenbrechungsindex n_{Gr} nach *Barrel* und *Sears*

$$\left(n_{Gr}-1\right)\cdot 10^6 = 287{,}604 + 3\cdot\frac{1{,}6288}{\lambda_T^2} + 5\cdot\frac{0{,}0136}{\lambda_T^4}$$

λ_T = *Trägerwellenlänge*

für tatsächliche Verhältnisse

Brechungsindex n_L nach *Kohlrausch*

$$N_L = (n_L - 1) = 987\cdot 10^{-6}\cdot\frac{(n_{Gr}-1)}{(1+\alpha\cdot t)}\cdot p - \frac{4{,}1\cdot 10^{-8}}{(1+\alpha\cdot t)}\cdot e$$

t = *Trockentemperatur in* °C ; t_f = *Feuchttemperatur in* °C
p = *Luftdruck in* hPa
e = *Partialdampfdruck des Wasserdampfs in* hPa
α = *Ausdehnungskoeffizient der Luft = 0,00367*

Einfluß von e vernachlässigbar klein !

Genauigkeit:

$$dN_L = dn_L 10^6 = 0{,}29dp - 0{,}98dt - 0{,}06dt_f$$

Standardabweichung der Distanz D Einfluß von p,t,t_f

$$s_D = \sqrt{0{,}09s_p^2 + 0{,}96s_t^2 + 0{,}004s_{t_f}^2}\cdot 10^{-6}\cdot D$$

Brechzahl N bei Mikrowellen

nach *Essen* und *Froome*

$$N_M = (n_M - 1)\cdot 10^{-6} = \frac{77{,}62}{T}\cdot(p-e) + \frac{64{,}70}{T}\cdot\left(1+\frac{5748}{T}\right)\cdot e$$

T = *Temperatur in* K = *273,17 + t* [°C] *p,e in* hPa

Genauigkeit:

$$dN_M = dn_M 10^6 = 0{,}25dp - 4{,}16dt + 6{,}95dt_f$$

Standardabweichung der Distanz D Einfluß von p,t,t_f

$$s_D = \sqrt{0{,}06s_p^2 + 17{,}3s_t^2 + 48{,}3s_{t_f}^2}\cdot 10^{-6}\cdot D$$

Einflüsse der Atmosphäre

Partialdampfdruck e

$$e = E - \left(t - t_f\right) \cdot D \cdot p$$

wenn: $\left(t - t_f\right) < 6°C: \rightarrow E = e$

D = Konstante

- *für Temperaturmessung über Wasser 0,000662*
- *für Temperaturmessung über vereistem Feuchtthermometer 0,000583*

p = Luftdruck in hPa
t = Trockentemperatur in °C
t_f = *Feuchttemperatur in* °C
E = Sättigungsdampfdruck in hPa

E = Sättigungsdampfdruck in hPa

$$\log E = \frac{\alpha \cdot t_f}{\beta + t_f} + \gamma$$

	Wasser	Eis
α	7,5	9,5
β	237,3	265,5
γ	0,7857	

Repräsentative Brechzahl

Bestimmung der Brechzahl n_m

Messung von p_1, t_1, t_{f_1} auf Station 1

Messung von p_2, t_2, t_{f_2} auf Station 2

$$n_1 = n_1\left(p_1, t_1, t_{f_1}\right)$$
$$n_2 = n_2\left(p_2, t_2, t_{f_2}\right)$$

$$n_m = \frac{n_1 + n_2}{2}$$

Brechzahl nur repräsentativ, wenn günstige Witterungsbedingungen vorliegen
d.h. bedeckt, leichter Wind

Streckenkorrektionen und -reduktionen

Frequenzkorrektion

$$k_f = D_a \cdot \frac{f_0 - f}{f}$$

$f_0 = \frac{c_0}{n_o \cdot \lambda}$ = *Bezugsfrequenz* $\qquad$ f = *gemessene Frequenz*

D_a = *gemessene Distanz*

Zyklische Korrektion

Bestimmung:

Meßanordnung im Labor

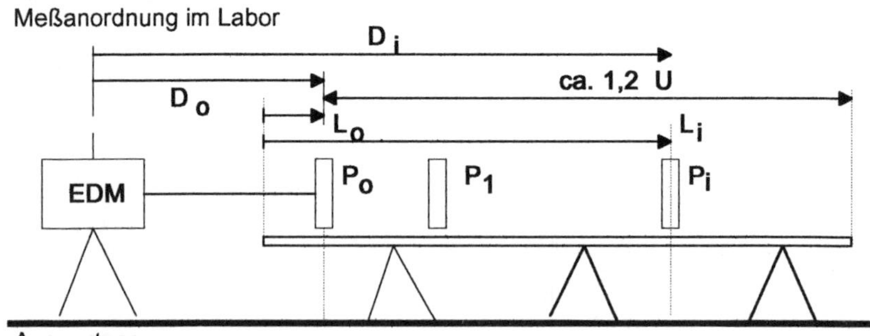

Auswertung:

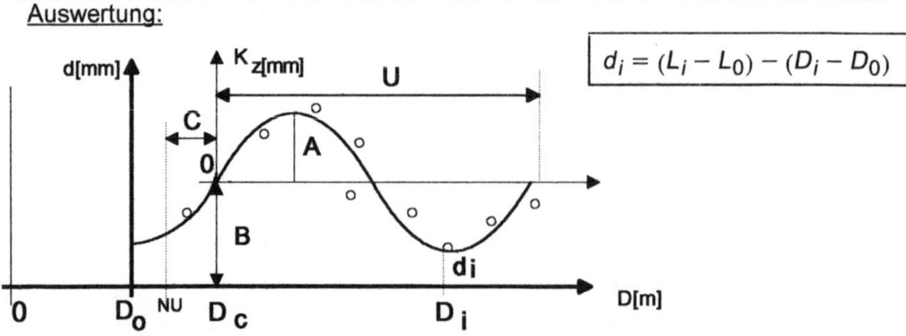

$$d_i = (L_i - L_0) - (D_i - D_0)$$

Graphische Bestimmung der Sinusfunktion

- Auftragen der Differenz d_i im oben dargestellten Diagramm
- Konstruktion der Sinuskurve, Abgreifen der erforderlichen Werte

$$k_{z_i} = A \cdot \sin\left[\frac{2\pi}{U} \cdot (D_i - C)\right] \qquad \text{mit} \qquad C = D_C - n \cdot U$$

A = Amplitude der zyklischen Verbesserung
U = λ /2 = Länge des Feinmaßstabes
λ = Modulationswellenlänge
n = Anzahl der ganzen Wellen
D_i = *Distanz*

Nullpunktkorrektion

Nullpunktkorrektion und Maßstabskorrektion aus Vergleich mit Sollstrecken

Einteilung:

Alle Teilstrecken an der gleichen Stelle des Feinmaßstabes
gleichmäßig über die Gesamtstrecke verteilen,
Bestimmung mit Schräg- oder Horizontalstrecken

$$\Delta D = D_{Soll} - D \qquad D = D_a + k_n + k_f + k_z$$

D_a = *gemessene Distanz*
k_n = *meteor. Korrektion*
k_f = *Frequenzkorrektion*
k_z = *zyklische Korrektion*

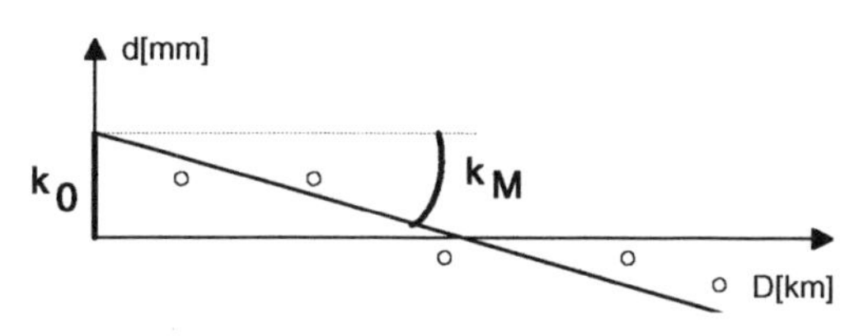

Ausgleichende Gerade: $\Delta D = k_0 + k_M \cdot D$

Ausgleichung:

Verbesserungsgleichung $v_i = k_0 + k_M \cdot D_i - \Delta D_i$ $\quad$ D in km; ΔD in mm

Nullpunktkorrektion

$$k_0[mm] = \frac{[DD] \cdot [\Delta D] - [D] \cdot [D \cdot \Delta D]}{n \cdot [DD] - [D]^2}$$

Maßstabskorrektion für 1 km

$$k_M[mm] = \frac{-[D] \cdot [\Delta D] + n \cdot [D \cdot \Delta D]}{n \cdot [DD] - [D]^2}$$

Genauigkeit:

Standardabweichung der Gewichtseinheit (einer gemessenen Strecke)

$$s_0 = s_D = \sqrt{\frac{[v_i v_i]}{n-2}}$$

n = Anzahl der Messungen

Standardabweichung der Nullpunktkorrektion

$$s_{k_0} = s_0 \cdot \sqrt{Q_{k_0 k_0}} \qquad Q_{k_0 k_0} = \frac{[DD]}{n \cdot [DD] - [D]^2}$$

Standardabweichung der Maßstabskorrektion

$$s_{k_M} = s_0 \cdot \sqrt{Q_{k_M k_M}} \qquad Q_{k_M k_M} = \frac{1}{[DD] - [D]^2}$$

Streckenkorrektion und -reduktion

Nullpunktkorrektion

Bestimmung der Nullpunktkorrektion durch Streckenmessung in allen Kombinationen

Einteilung:

Alle Teilstrecken an der gleichen Stelle des Feinmaßstabes

Anzahl der möglichen Strecken: $n = \frac{t\,(\,t+1)}{2}$ $\qquad$ *t = Anzahl der Teilstrecken*

$D = D_a + k_n + k_f + k_z + r_N + r_H$

D_a = *gemessene Strecke*
k_n = *meteorologische Korrektion*
k_f = *Frequenzkorrektion*
k_z = *zyklische Korrektion*
r_N = *Neigungsreduktion*
r_H = *Höhenreduktion*

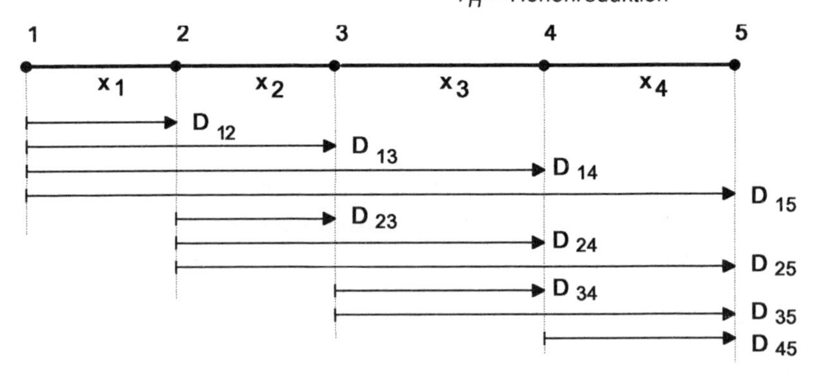

Direkte Berechnung :

Allgemein

$$k_0 = \frac{6}{t\left[t^2-1\right]} \cdot \sum_{j=1}^{t} \sum_{i=1}^{t-j+1} (2i-t-1) \cdot D_{0,5(-j^2+(2t+3)\cdot j)+i-t-1}$$

Geschlossene Formel für 3 Teilstrecken

$$k_0 = \frac{1}{4}(-2D_{12} + 2D_{14} - 2D_{23} - 2D_{34})$$

Geschlossene Formel für 4 Teilstrecken

$$k_0 = \frac{1}{10}(-3D_{12} - D_{13} + D_{14} + 3D_{15} - 3D_{23} - D_{24} + D_{25} - 3D_{34} - D_{35} - 3D_{45})$$

Geschlossene Formel für 5 Teilstrecken

$$k_0 = \frac{1}{10}(-2D_{12} - D_{13} + D_{15} + 2D_{16} - 2D_{23} - D_{24} + D_{26} - 2D_{34} - D_{35} - 2D_{45} - D_{46} - 2D_{56})$$

Streckenkorrektion und -reduktion

Nullpunktkorrektion - Streckenmessung in allen Kombinationen

Berechnung der Nullpunktkorrektion und der Teilstrecken über Ausgleichungsrechnung(Matrizenschreibweise):

$p = t + 1$ Unbekannte (t Teilstrecken, 1 Nullpunktkorrektion)

Verbesserungsgleichungen

$$\mathbf{v} = \mathbf{AX} - \mathbf{l} \qquad v_{ij} = \sum_{k=i}^{k=j-1} x_k - k_0 - D_{ij}$$

für $i = 1 \cdots (p-1)$ und $j = (i+1) \cdots p$

Normalgleichungen

$$\mathbf{NX} - \mathbf{r} = \mathbf{0}$$

Unbekannte

$$\mathbf{X} = \mathbf{N}^{-1}\,\mathbf{r} = \mathbf{Q}_{xx}\mathbf{r}$$

$\mathbf{v}$ = *Vektor der Verbesserungen*
$\mathbf{X}$ = *Vektor der Unbekannten*
$\mathbf{l}$ = *Vektor der Beobachtungen (Strecken D)*
$\mathbf{r}$ = *Vektor der Absolutglieder* ($\mathbf{r} = \mathbf{A}^T\mathbf{l}$)
$\mathbf{A}$ = *Koeffizientenmatrix der Unbekannten*
$\mathbf{N}$ = *Normalgleichungsmatrix*
$\mathbf{Q}_{xx}$ = *Kofaktorenmatrix der Unbekannten (Inverse* $\mathbf{N}^{-1}$ *der Normalgleichungsmatrix)*

Genauigkeit:

Standardabweichung der Gewichtseinheit

$$s_0 = s_D = \sqrt{\frac{[v^T v]}{n-u}} \qquad u = \frac{1}{2}(t+1)(t-1)$$

n = Anzahl der Messungen

Standardabweichung der Nullpunktkorrektion

$$s_{k_0} = s_0 \cdot \sqrt{\frac{6}{t(t-1)}} = s_0 \cdot \sqrt{Q_{k_0 k_0}}$$

t = Anzahl der Teilstrecken

Standardabweichung der unbekannten Teilstrecken

$$s_{x_i} = s_0 \cdot \sqrt{\frac{2(d+1)}{t+1}} = s_0 \cdot \sqrt{Q_{x_i x_i}} \qquad d = \frac{12}{t\left(t^2-1\right)}$$

t = Anzahl der Teilstrecken

Meteorologische Korrektionen für $D > 10$ km

1. Geschwindigkeitskorrektion

$$k_n = D_a \cdot \frac{(n_o - n)}{n}$$

D_a = gemessene Distanz
n_0 = Bezugsbrechzahl
n = tatsächliche Brechzahl der Atmosphäre

2. Geschwindigkeitskorrektion

$$k_{\Delta n} = -\left(k - k^2\right) \cdot \frac{D_a^3}{12R^2}$$

k = Refraktionskoeffizient
für Lichtwellen $k_L = 0{,}13$
für Mikrowellen $k_M = 0{,}25$
R = Erdradius 6380 km

Geometrische Reduktionen

$$S = D + r_K + r_{N,H} + r_E$$

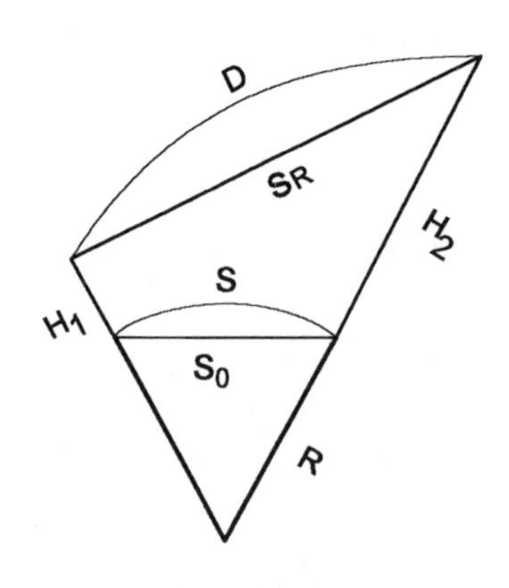

Reduktion wegen Bahnkrümmung

für $D > 10$ km

$$r_K = -\frac{k^2 \cdot D^3}{24R^2}$$

$$S_R = D + r_K$$

Reduktion wegen Erdkrümmung

für $D > 10$ km

$$r_E = \frac{D^3}{24R^2}$$

$$S = S_0 + r_E$$

k = Refraktionskoeffizient
D = gemessene Distanz einschließlich der Korrektionen
R = Erdradius 6380 km

Streckenkorrektionen und -reduktionen

Geometrische Reduktion

Neigungs- und Höhenreduktion

$r_{N,H} = r_N + r_H$

1. Höhenunterschied gegeben:

für Strecken < 10 km: $S_R = D$ und $S = S_0$

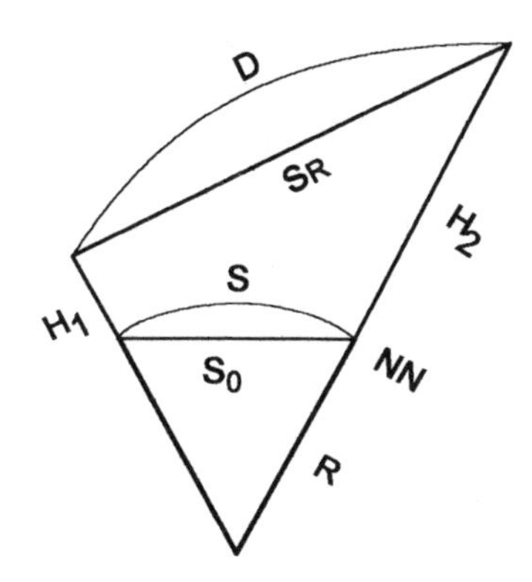

$$r_{N,H} = S_R \left[\sqrt{\frac{1 - \left(\frac{H_2 - H_1}{S_R}\right)^2}{\left(1 + \frac{H_1}{R}\right)\left(1 + \frac{H_2}{R}\right)}} - 1 \right]$$

$$S_0 = S_R + r_{N,H}$$

R = Erdradius 6380 km

Näherungsformel für kurze Strecken

$$S_0 \approx S_R - \frac{\Delta H^2}{2S_R} - \left(S_R - \frac{\Delta H^2}{2S_R}\right) \cdot \frac{H_m}{R}$$

$$\Delta H = H_2 - H_1$$

$$H_m = \frac{H_1 + H_2}{2}$$

Genäherte Reduktion wegen der Neigung

$$r_N \approx -\frac{\Delta H^2}{2S_R}$$

Genauigkeit:

Standardabweichung der Strecke S_0

Einfluß von ΔH $\quad s_{S_0} = \frac{\Delta H \cdot s_{\Delta H}}{S_R}$

Einfluß von H_m $\quad s_{S_0} = \frac{S \cdot s_{H_m}}{R}$

$s_{\Delta H}$ = *Standardabweichung des Höhenunterschieds*
s_{H_m} = *Standardabweichung der Höhe* H_m

Streckenkorrektionen und -reduktionen

Geometrische Reduktion - Neigungs- und Höhenreduktion

2. Höhe des Streckenendpunktes unbekannt, Zenitwinkel gemessen

Zenitwinkelmessung nur für Strecken < 3 km

$S_R = D$ und $S = S_0$

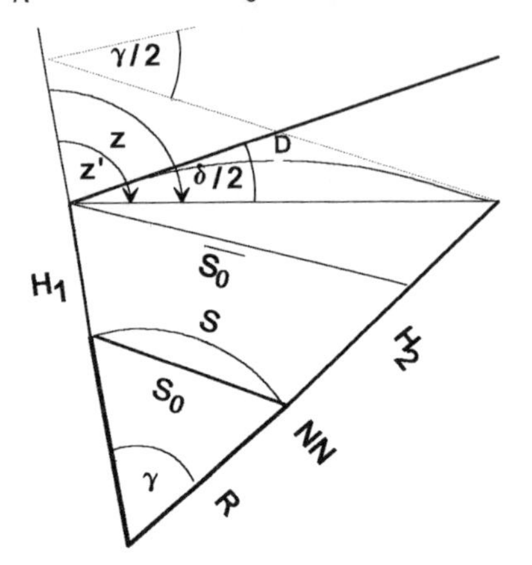

Einfluß der Refraktion auf z

$$\frac{\delta}{2} = \frac{D \cdot k}{2R} \qquad z = z' + \frac{\delta}{2}$$

k = Refraktionskoeffizient
für Lichtwellen $k_L = 0,13$
für Mikrowellen $k_M = 0,25$
R = Erdradius 6380 km

Reduktion wegen Neigung und Höhe

$$S_0 = S_R \cdot \sin z' \cdot \left[1 + \frac{1}{R}\left[-H_1 - S_R \cdot \cos z' \left[1 - \frac{k}{2}\right]\right]\right]$$

Reduktion wegen Neigung

$$\overline{S_0} = \frac{S_R \cdot \sin z}{\cos \frac{\gamma}{2}}$$

für Strecken < 3 km : $\overline{S_0} = S_R \cdot \sin z$

Genauigkeit:

Standardabweichung der Strecke S_0

Einfluß der Zenitwinkelmessung

$$s_{S_0} = S_R \cdot \cos z \cdot \frac{s_z}{\text{rad}}$$

s_z = *Standardabweichung des Zenitwinkels*

Streckenkorrektionen und -reduktionen

Geometrische Reduktionen

Höhenreduktion

für Strecken < 10 km : $S = S_0$

$$r_H = -S_{H_m} \cdot \frac{H_m}{R + H_m}$$

$$S_0 = S_{H_m} + r_H$$

H_m = mittlere Höhe im Bezugshorizont
R = Erdradius 6380 km

Genäherte Reduktion wegen der Höhe

$$r_H \approx -S_{H_m} \cdot \frac{H_m}{R}$$

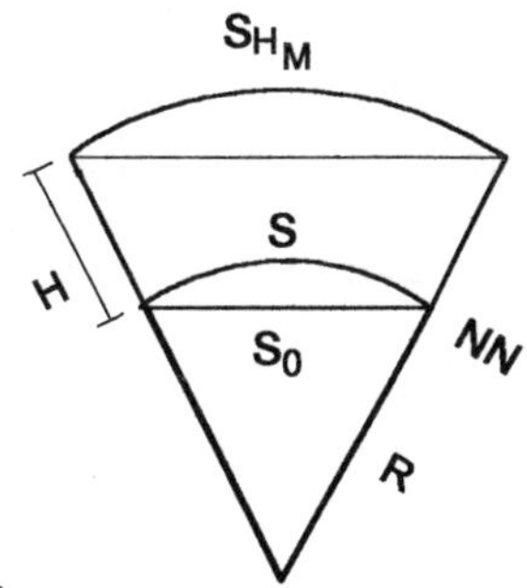

Genauigkeit:

Standardabweichung der Strecke S_0

Einfluß von H_m

$$s_{S_0} = \frac{S_0 \cdot s_{H_m}}{R}$$

s_{H_m} = Standardabweichung der mittleren Höhe

Abbildungsreduktion

Soldner - System

$$r_A = \frac{Y_m^2}{2R^2} \cdot S \cdot \cos^2 t$$

Gauß - Krüger- System

$$r_A = \frac{Y_m^2}{2R^2} \cdot S$$

Strecke im ebenen Abbild

$$s = S + r_A$$

Abbildungsreduktion und Höhenreduktion im GK - System

$$\Delta s = S\left(-\frac{H_m}{R} + \frac{Y_m^2}{2R^2}\right)$$

Y_m = mittlerer Abstand vom Hauptmeridian
R = Erdradius 6380 km
S = reduzierte Strecke
H_m = mittlere Höhe im Bezugshorizont
t = Richtungswinkel der Strecke

Zulässige Abweichungen

Zulässige Abweichungen für Strecken

Baden - Württemberg

Zulässige Streckenabweichung Z_{SG}

Z_{SG} bedeutet die größte zulässige Abweichung in Metern zwischen zwei für dieselbe Strecke unmittelbar nacheinander mit demselben Meßgerät ermittelten Längen

Fehlerklasse 1 $Z_{SG} = \frac{1}{2}(0,006 \cdot \sqrt{s} + 0,02)$

Fehlerklasse 2,3 $Z_{SG} = 0,006 \cdot \sqrt{s} + 0,02$

Zulässige Streckenabweichung Z_{SV}

Z_{SV} bedeutet die größte zulässige Abweichung in Metern zwischen zwei für dieselbe Strecke zu verschiedenen Zeiten oder mit verschiedenen Meßgeräten ermittelten Längen sowie zwischen gemessenen und berechneten Strecken

Fehlerklasse 1 $Z_{SV} = \frac{1}{2}(0,008 \cdot \sqrt{s} + 0,0003 \cdot s + 0,05)$

Fehlerklasse 2 $Z_{SV} = 0,008 \cdot \sqrt{s} + 0,0003 \cdot s + 0,05$

Fehlerklasse 3 $Z_{SV} = 0,008 \cdot \sqrt{s} + 0,0003 \cdot s + 0,10$

s = Länge der Strecke

Zulässige Lageabweichung für doppelt bestimmte Punkte

Fehlerklasse 1 $Z_P = 0,06$ m

Fehlerklasse 2 $Z_P = 0,08$ m

Verfahren zur Punktbestimmung

Indirekte Messungen

Abriß

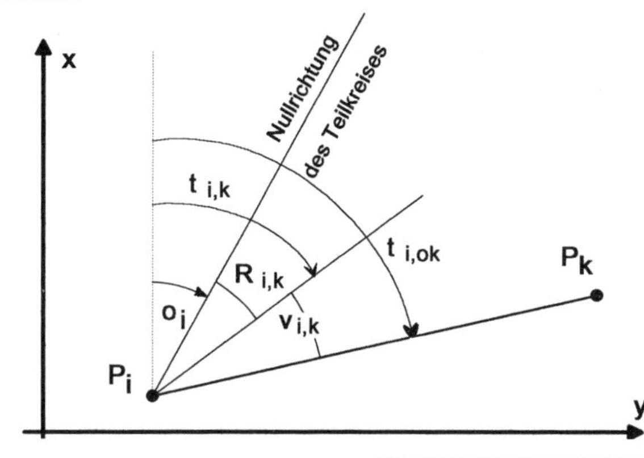

Orientierungsunbekannte

$$o_i = \frac{\left[t_{i,k} - R_{i,k}\right]}{n}$$

n = Anzahl der Richtungen zu bekannten Festpunkten
$t_{i,k}$ = *berechneter Richtungswinkel*
$R_{i,k}$ = *gemessene Richtung*

orientierter Richtungswinkel

$$t_{i,ok} = R_{i,k} + o_i$$

Verbesserung

$$v_{i,k} = t_{i,k} - t_{i,ok} \qquad \left[v_{i,k}\right] = 0$$

Genauigkeit:

Standardabweichung der orientierten Richtung

$$s_t^o = \sqrt{\frac{\left[v_{i,k}v_{i,k}\right]}{n(n-1)}}$$

n = Anzahl der Richtungen zu bekannten Festpunkten

Exzentrische Richtungsmessung

Standpunktzentrierung

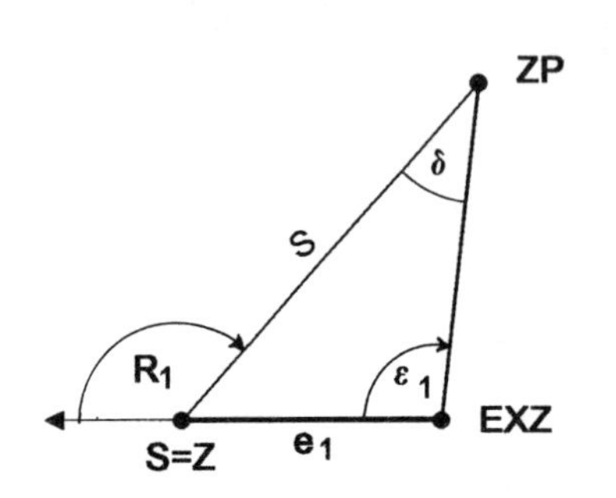

Strecke S aus Koordinaten berechnen (R - P)

$$\delta = \arcsin\left\{\frac{e_1 \cdot \sin\varepsilon_1}{S}\right\}$$

$$R_1 = \varepsilon_1 + \delta$$

Zielpunktzentrierung

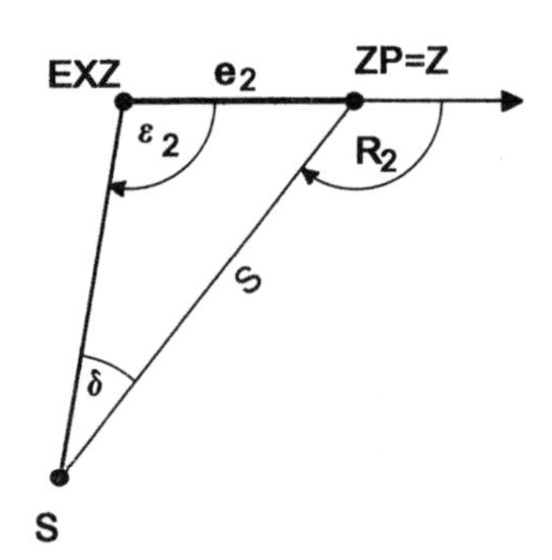

Strecke S aus Koordinaten berechnen (R - P)

$$\delta = \arctan\left\{\frac{e_2 \cdot \sin\varepsilon_2}{S}\right\}$$

$$R_2 = \varepsilon_2 + \delta$$

Genauigkeit:

Standardabweichung des Winkels δ

Einfluß von S $\quad s_\delta = \frac{e}{S^2} \cdot \sin\varepsilon \cdot s_S \cdot \text{rad}$

Einfluß von e $\quad s_\delta = \frac{\sin\varepsilon}{S} \cdot s_e \cdot \text{rad}$ $\quad$ max. Auswirkung: ε = 100 (300) gon

Einfluß von ε $\quad s_\delta = \frac{e}{S} \cdot \cos\varepsilon \cdot s_\varepsilon$ $\quad$ max. Auswirkung: ε = 0 (200) gon

e auf mm messen und ε auf cgon

s_S = Standardabweichung der Strecke S
s_e = Standardabweichung der Strecke e
s_ε = Standardabweichung des Winkels ε

Indirekte Messungen

Exzentrische Richtungsmessung

Doppelzentrierung

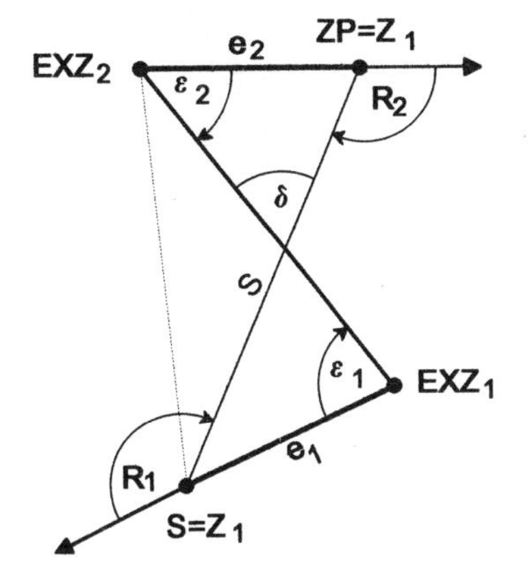

Strecke *S* aus Koordinaten berechnen (R - P)

$$\delta = \arcsin\left[\frac{e_1 \cdot \sin\varepsilon_1 + e_2 \cdot \sin\varepsilon_2}{S}\right]$$

$$R_1 = \varepsilon_1 + \delta \qquad R_2 = \varepsilon_2 + \delta$$

Genauigkeit:

$$s_\delta^2 = \left[\frac{\sin\varepsilon_1 \cdot s_{e_1} \cdot \text{rad}}{S}\right]^2 + \left[\frac{\sin\varepsilon_2 \cdot s_{e_2} \cdot \text{rad}}{S}\right]^2 + \left[\frac{e_1 \cdot \cos\varepsilon_1 \cdot s_{\varepsilon_1}}{S}\right]^2 + \left[\frac{e_2 \cdot \cos\varepsilon_2 \cdot s_{\varepsilon_2}}{S}\right]^2 + \left[\frac{\delta \cdot s_S}{S}\right]^2$$

Kombinierte Standpunkt- und Zielpunktzentrierung

Zielpunktzentrierung , wobei ε_{Z_2} gemessen

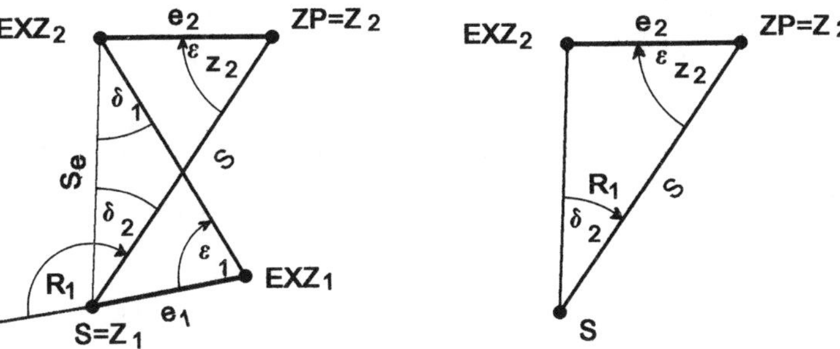

Strecke *S* aus Koordinaten berechnen (R - P)

$$R_1 = \varepsilon_1 + \delta \qquad \delta = \delta_1 + \delta_2 \qquad R_1 = \delta_2$$

$$\delta_1 = \arcsin\left[\frac{e_1 \cdot \sin\varepsilon_1}{S_e}\right] \qquad \delta_2 = \arctan\left[\frac{e_2 \cdot \sin\varepsilon_{Z_2}}{S - e_2 \cdot \cos\varepsilon_{Z_2}}\right]$$

Indirekte Messungen

Exzentrische Richtungsmessung

Indirekte Bestimmung der Zentrierungselemente

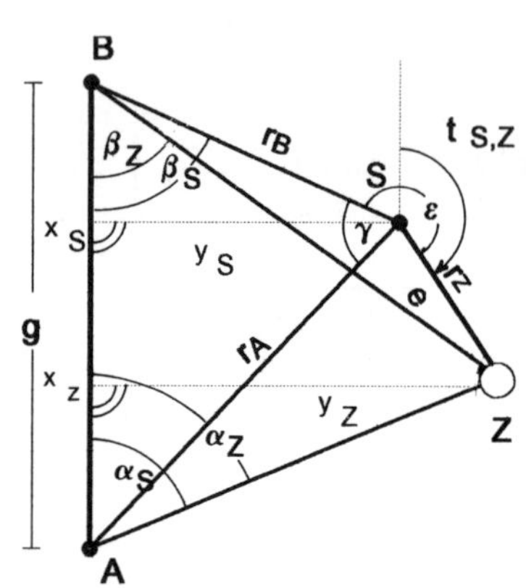

Winkelsumme: $\alpha_S + \beta_S + \gamma = 400$ gon

Winkel auf Winkelsumme abgleichen

Berechnung der örtlichen Koordinaten **S** und ***Z***:

$$y_i = \frac{g}{\cot\alpha_i + \cot\beta_i}$$

$$x_i = y_i \cdot \cot\alpha_i$$

Berechnung von *e*, $t_{S,Z}$ aus örtlichen Koordinaten (R - P)

$$\varphi = \beta_S + t_{S,Z}$$

$$r_Z = r_B + \varepsilon = r_A + \gamma + \varepsilon$$

Anschluß an Hochpunkt (Herablegung)

Strecke *S* und Richtungswinkel $t_{T,F}$ aus Koordinaten berechnen (R - P)

$\alpha = r_{AT} - r_{AB}$ $\quad\quad \beta = r_{BA} - r_{BT}$ $\quad\quad \varepsilon = r_{AF} - r_{AT}$

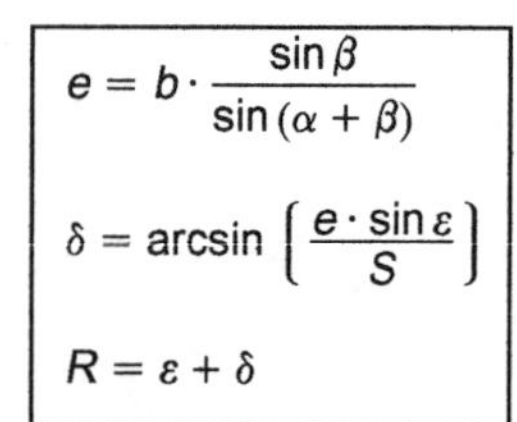

$$e = b \cdot \frac{\sin\beta}{\sin(\alpha+\beta)}$$

$$\delta = \arcsin\left\{\frac{e \cdot \sin\varepsilon}{S}\right\}$$

$$R = \varepsilon + \delta$$

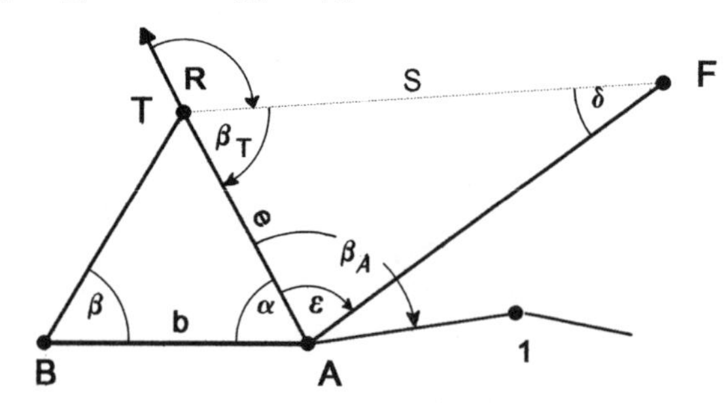

Polygonzuganschluß : $\quad \beta_T = 200 \text{ gon } - R \quad\quad \beta_A = r_{A1} - r_{AT}$

Polygonzugabschluß : $\quad \beta_T = 200 \text{ gon } + R \quad\quad \beta_A = r_{AT} - r_{A1}$

$$t_{T,A} = t_{T,F} + \beta_T$$

$$y_A = y_T + e \cdot \sin t_{T,A} \quad\quad x_A = x_T + e \cdot \cos t_{T,A}$$

Zwei Lösungsprinzipien:

1. Bestimmung der Koordinaten von *A* und Anschluß an *A*
2. Bestimmung der Polygonzugelemente *e* und $ß_T$ und Anschluß an *T*

Exzentrische Streckenmessung

Ein Punkt exzentrisch

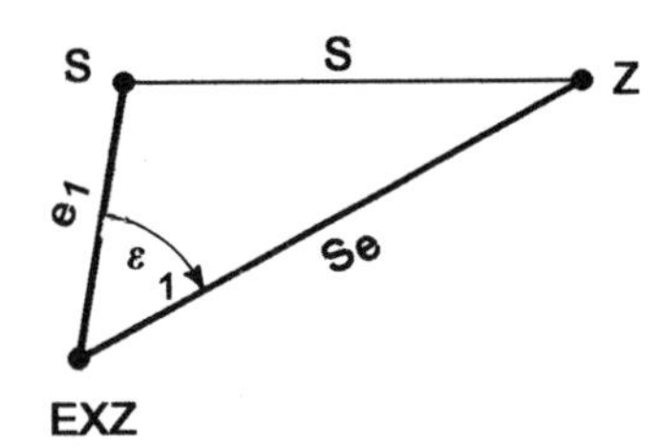

$$S = \sqrt{S_e^2 + e_1^2 - 2 \cdot S_e \cdot e_1 \cdot \cos \varepsilon_1}$$

Genauigkeit:

Standardabweichung der Strecke S

Einfluß von S_e $\quad s_S = \left[1 - \frac{e}{S} \cdot \cos \varepsilon\right] \cdot s_{S_e}$ $\quad s_S \approx s_{S_e}$

Einfluß von e $\quad s_S = \left[\frac{e}{S} - \frac{S_e}{S} \cdot \cos \varepsilon\right] \cdot s_e$ $\quad s_S = s_e$ wenn: $\varepsilon = 0\ (200)$ gon

Einfluß von ε $\quad s_S = e \cdot \sin \varepsilon \cdot \frac{s_\varepsilon}{\text{rad}}$ $\quad s_S = e \cdot \frac{s_\varepsilon}{\text{rad}}$ wenn: $\varepsilon = 100\ (300)$ gon

s_{S_e} = *Standardabweichung der Strecke* S_e
s_e = *Standardabweichung der Strecke* e
s_ε = *Standardabweichung des Winkels* ε

Zwei Punkte exzentrisch

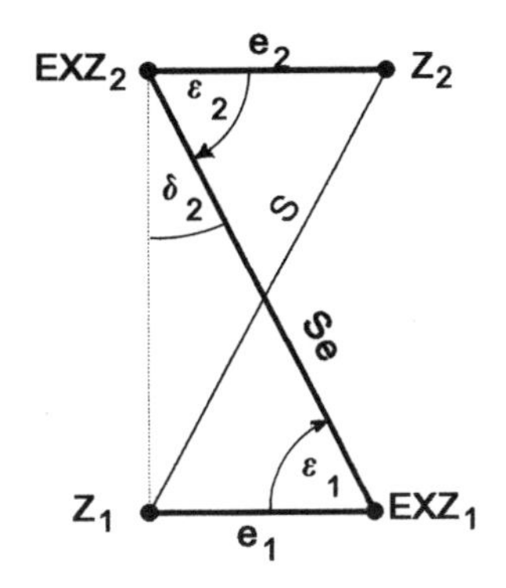

$$S_1 = \sqrt{S_e^2 + e_1^2 - 2 \cdot S_e \cdot e_1 \cdot \cos \varepsilon_1}$$

$$\delta_2 = \arcsin\left[\frac{e_1 \cdot \sin \varepsilon_1}{S_1}\right]$$

$$S = \sqrt{S_1^2 + e_2^2 - 2 \cdot S_1 \cdot e_2 \cdot \cos(\varepsilon_2 + \delta_2)}$$

Gebrochener Strahl

1. mit Strecken

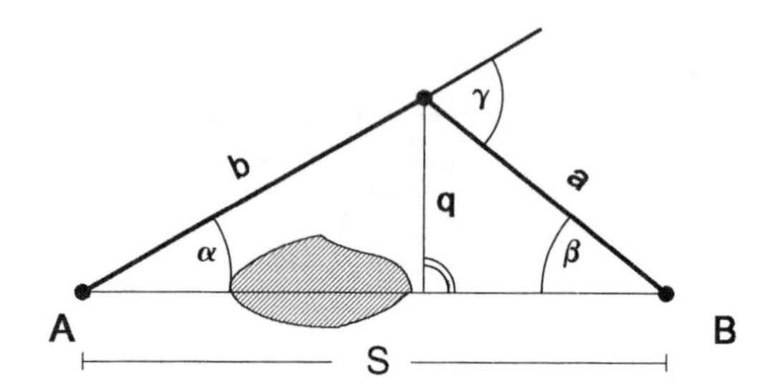

$$\alpha = \arctan\left[\frac{\sin\gamma}{\frac{b}{a} + \cos\gamma}\right]$$

$$\beta = \arctan\left[\frac{\sin\gamma}{\frac{a}{b} + \cos\gamma}\right]$$

Probe: $\gamma = \alpha + \beta$

$$q = \frac{a \cdot b \cdot \sin\gamma}{S}$$

$$S = \sqrt{a^2 + b^2 + 2 \cdot ab \cdot \cos\gamma}$$

Genauigkeit:

Standardabweichung der Winkel α,β

$$s_\alpha = \frac{\text{rad}}{S} \cdot \sqrt{\frac{q^2}{a^2} \cdot s_a^2 + \frac{q^2}{b^2} \cdot s_b^2 + \left(a^2 - q^2\right) \cdot \frac{s_\gamma^2}{\text{rad}^2}}$$

γ klein: $s_\alpha = \frac{a}{S} \cdot s_\gamma$

Standardabweichung der Strecke S

$$s_S = \sqrt{\frac{a^2 - q^2}{a^2} \cdot s_a^2 + \frac{b^2 - q^2}{b^2} \cdot s_b^2 + q^2 \cdot \frac{s_\gamma^2}{\text{rad}^2}}$$

γ klein: $s_S = \sqrt{s_a^2 + s_b^2}$

s_β wie s_α, jedoch muß a gegen b ausgetauscht werden

s_a, s_b = *Standardabweichung der Strecken a und b*
s_γ = *Standardabweichung des Winkels* γ

Indirekte Messungen

Gebrochener Strahl

2. ohne Strecken

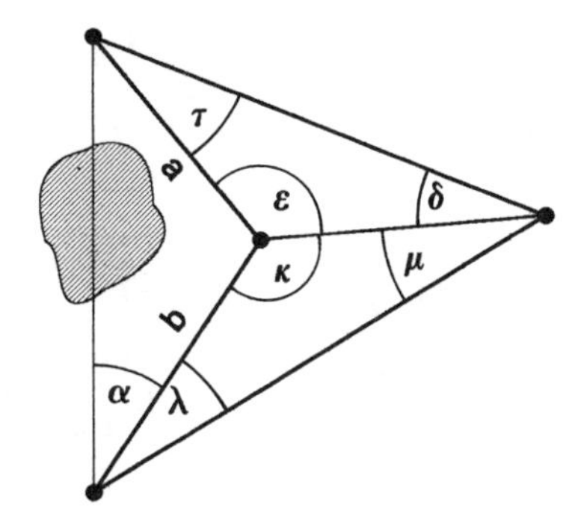

Winkelsumme : $\lambda + \kappa + \mu = 200$ gon

Winkel auf Winkelsumme abgleichen

$\tau = 200 \text{ gon} - (\varepsilon + \delta)$

$\gamma = (\varepsilon + \kappa) - 200 \text{ gon}$

$$\omega = \frac{a}{b} = \frac{\sin\lambda \cdot \sin\delta}{\sin\mu \cdot \sin\tau}$$

$$\alpha = \arctan\left[\frac{\sin\gamma}{\frac{1}{\omega} + \cos\gamma}\right]$$

Genauigkeit:

Standardabweichung des Winkels ω

$$s_\omega = \omega \cdot \sqrt{\cot^2\lambda \cdot s_\lambda^2 + \cot^2\delta \cdot s_\delta^2 + \cot^2\mu \cdot s_\mu^2 + \cot^2\gamma \cdot s^2\gamma}$$

$s_\lambda, s_\delta, s_\mu, s_\gamma$ = *Standardabweichung der Winkel*

Einzelpunktbestimmung

Polare Punktbestimmung

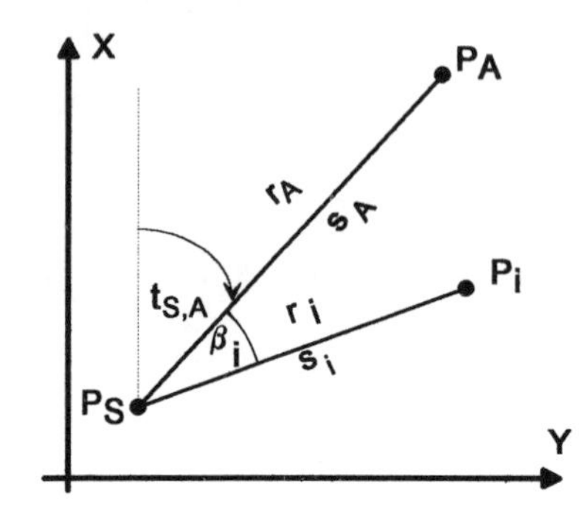

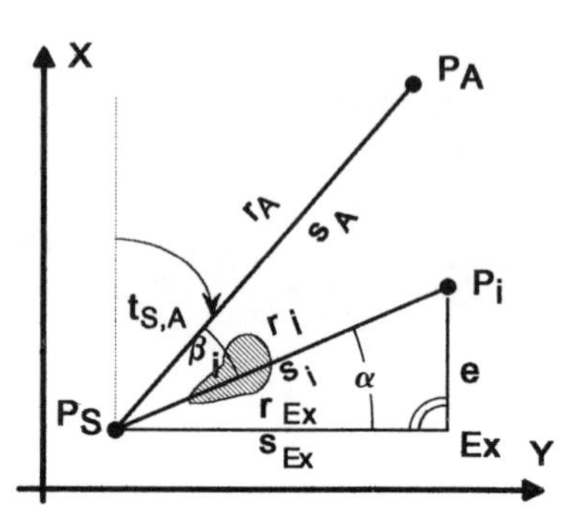

Richtungswinkel $t_{S,A}$ aus Koordinaten berechnen (R - P)

$$\beta_i = r_i - r_A$$

$$\beta_i = r_{EX} - r_A - \alpha$$

$$\alpha = \arcsin \frac{e}{s_{EX}}$$

$$s_i = \sqrt{e^2 - s_{EX}^2}$$

Richtungswinkel $$t_{S,i} = t_{S,A} + \beta_i$$

Maßstab

s_A gemessen: Strecke $\bar{s}_A$ aus Koordinaten berechnen

$$m = \frac{\bar{s}_A}{s_A}$$

s_A nicht gemessen: $m = 1$

Koordinaten des Neupunkts

$$y_i = y_S + s_i \cdot m \cdot \sin t_{S,i}$$

$$x_i = x_S + s_i \cdot m \cdot \cos t_{S,i}$$

(P - R)

Genauigkeit:

Standardabweichung der Koordinaten und Standardabweichung eines Punktes P_i

siehe Polarpunktberechnung

Bogenschnitt

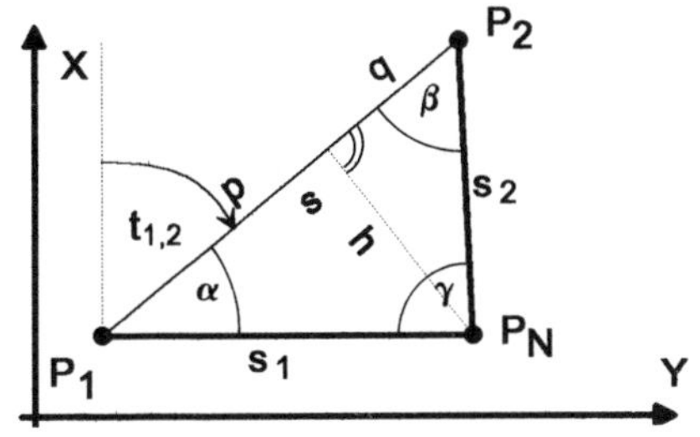

Bedingung:

$s_1 + s_2 = s$: eine Lösung
$< s$: keine Lösung
$> s$: zwei Lösungen

P_N rechts von P_1,P_2 : $+\alpha$; $-\beta$; $+h$

P_N links von P_1,P_2 : $-\alpha$; $+\beta$; $-h$

1. Möglichkeit:

Richtungswinkel $t_{1,2}$ und Strecke s aus Koordinaten berechnen (R - P)

$$\alpha = \arccos \frac{s_1^2 + s^2 - s_2^2}{2s \cdot s_1}$$

Probe:

$$\beta = \arccos \frac{s_2^2 + s^2 - s_1^2}{2s \cdot s_2}$$

$$t_{1,N} = t_{1,2} \pm \alpha$$

$$t_{2,N} = t_{1,2} + 200 \text{ gon} \pm \beta$$

$$y_N = y_1 + s_1 \cdot \sin t_{1,N}$$
(P - R)
$$x_N = x_1 + s_1 \cdot \cos t_{1,N}$$

$$y_N = y_2 + s_2 \cdot \sin t_{2,N}$$

$$x_N = x_2 + s_2 \cdot \cos t_{2,N}$$

2. Möglichkeit:

$$p = \frac{s^2 + s_1^2 - s_2^2}{2s}$$

Probe: $p + q = s$ $$q = \frac{s^2 + s_2^2 - s_1^2}{2s}$$

$$h = \pm\sqrt{s_1^2 - p^2}$$

Probe: $$h = \pm\sqrt{s_2^2 - q^2}$$

$$o = \frac{y_2 - y_1}{s} \qquad a = \frac{x_2 - x_1}{s}$$

$$y_N = y_1 + o \cdot p + a \cdot h$$

$$x_N = x_1 + a \cdot p - o \cdot h$$

Probe: s_1, s_2 aus Koordinaten berechnen

Genauigkeit:

Genauigkeit stark abhängig vom Schnittwinkel γ

Standardabweichung des Punktes P_N

$$s_P = \frac{1}{\sin\gamma} \cdot \sqrt{2} \cdot s_s$$

günstig $\gamma \approx 100$ gon

s_s = Standardabweichung der Strecken $\gamma = 200 \text{ gon} - (\alpha + \beta)$

Vorwärtseinschnitt

über Dreieckswinkel

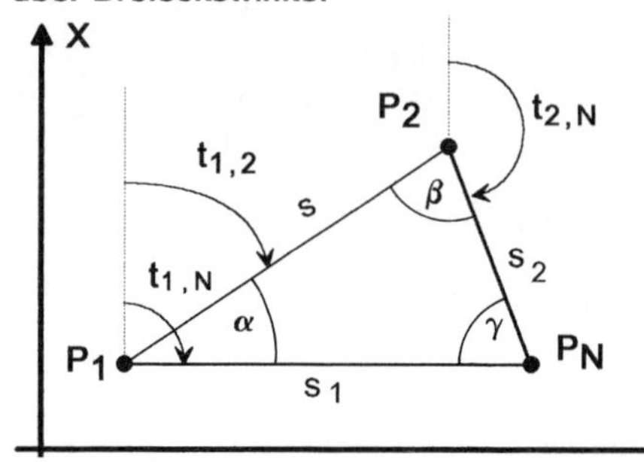

Richtungswinkel $t_{1,2}$ und Strecke s aus Koordinaten berechnen (R - P)

Dreieckswinkel aus Differenzen der gemessenen Richtungen ermitteln

$$\alpha = r_{1,N} - r_{1,2} \qquad \beta = r_{2,1} - r_{2,N}$$

$$t_{1,N} = t_{1,2} + \alpha \qquad t_{2,N} = t_{1,2} + 200\text{ gon } - \beta$$

1. Möglichkeit:

$$s_1 = \frac{s}{\sin(\alpha + \beta)} \cdot \sin\beta$$

$$s_2 = \frac{s}{\sin(\alpha + \beta)} \cdot \sin\alpha$$

$$y_N = y_1 + s_1 \cdot \sin t_{1,N}$$

(P - R)

$$x_N = x_1 + s_1 \cdot \cos t_{1,N}$$

Probe: $y_N = y_2 + s_2 \cdot \sin t_{2,N}$

$x_N = x_2 + s_2 \cdot \cos t_{2,N}$

2. Möglichkeit:

$$x_N = x_1 + \frac{(y_2 - y_1) - (x_2 - x_1) \cdot \tan t_{2,N}}{\tan t_{1,N} - \tan t_{2,N}}$$

$$y_N = y_1 + (x_N - x_1) \cdot \tan t_{1,N}$$

Probe: $$x_N = x_2 + \frac{(y_2 - y_1) - (x_2 - x_1) \cdot \tan t_{1,N}}{\tan t_{1,N} - \tan t_{2,N}}$$

$$y_N = y_2 + (x_N - x_2) \cdot \tan t_{2,N}$$

Einzelpunktbestimmung

Vorwärtseinschnitt

über Richtungswinkel

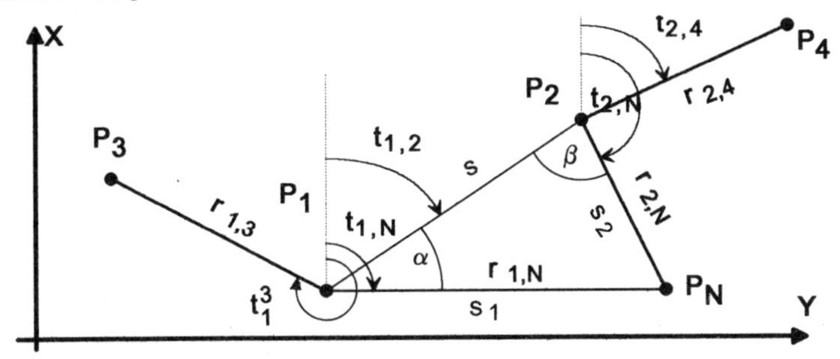

Berechnung der Richtungswinkel $t_{1,2}, t_{1,3}, t_{2,4}$
und der Strecke s aus Koordinaten (R - P)

$$t_{1,N} = t_{1,3} + \left[r_{1,N} - r_{1,3} \right]$$

$$t_{2,N} = t_{2,N} + \left[r_{2,N} - r_{2,4} \right]$$

$$\alpha = t_{1,N} - t_{1,2}$$

$$\beta = t_{2,1} - t_{2,N}$$

Weitere Berechnung siehe Vorwärtseinschnitt über Dreieckswinkel

Seitwärtseinschnitt:

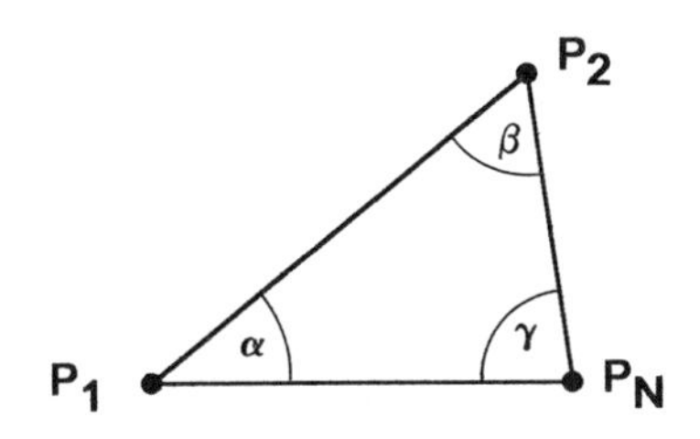

gemessen wird α und γ

$$\beta = 200 \text{ gon} - (\alpha + \gamma)$$

Weitere Berechnung siehe Vorwärtseinschnitt über Dreieckswinkel

Genauigkeit:

Genauigkeit stark abhängig vom Schnittwinkel γ

Standardabweichung des Punktes P_N

$$s_P = \frac{1}{\sin\gamma} \cdot \sqrt{s_1^2 + s_2^2} \cdot s_t$$

günstig $\gamma \approx 100$ gon

s_t = *Standardabweichung der Richtungswinkel*

Rückwärtseinschnitt nach *Cassini*

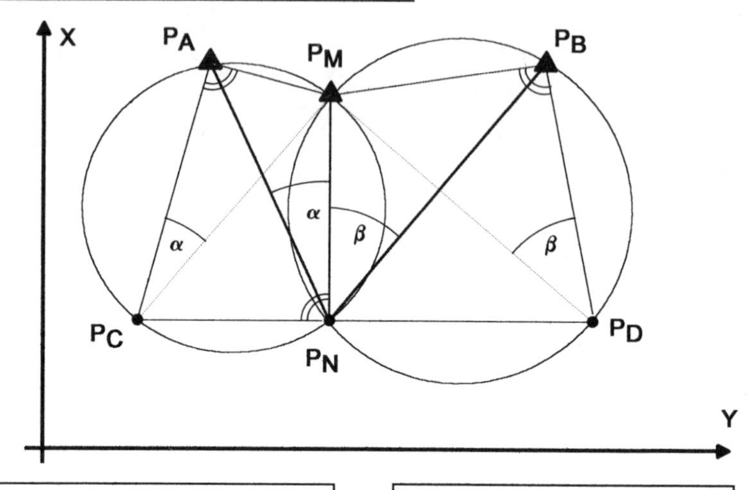

$$Y_C = Y_A + (X_M - X_A) \cdot \cot\alpha$$
$$X_C = X_A - (Y_M - Y_A) \cdot \cot\alpha$$

$$Y_D = Y_B + (X_B - X_M) \cdot \cot\beta$$
$$X_D = X_B - (Y_B - Y_M) \cdot \cot\beta$$

Berechnung des Richtungswinkel $t_{C,D}$ aus Koordinaten

$$X_N = X_C + \frac{Y_M - Y_C + (X_M - X_C) \cdot \cot t_{C,D}}{\tan t_{C,D} + \cot t_{C,D}}$$

$$Y_N = Y_C + (X_N - X_C) \cdot \tan t_{C,D} \qquad \tan t_{C,D} < \cot t_{C,D}$$

$$Y_N = Y_M - (X_N - X_M) \cdot \cot t_{C,D} \qquad \cot t_{C,D} < \tan t_{C,D}$$

Probe: $\alpha = t_{N,M} - t_{N,A}$ $\beta = t_{N,B} - t_{N,M}$

Die Lösung ist unbestimmt, wenn alle
vier Punkte auf einem Kreis,
dem sogenannten **gefährlichen Kreis** liegen:
Die beiden Kreise fallen ineinander -
es gibt keinen Schnittpunkt der Kreise

$P_C = P_D = P_N$

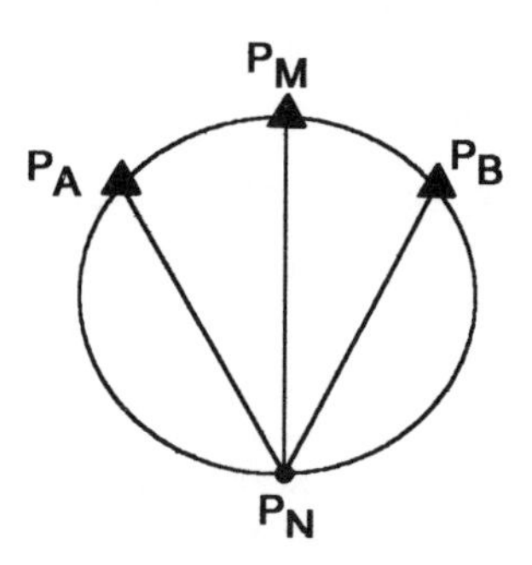

Polygonierung

Anlage und Form von Polygonzügen

a) Zug mit beidseitigem Richtungs- und Koordinatenabschluß

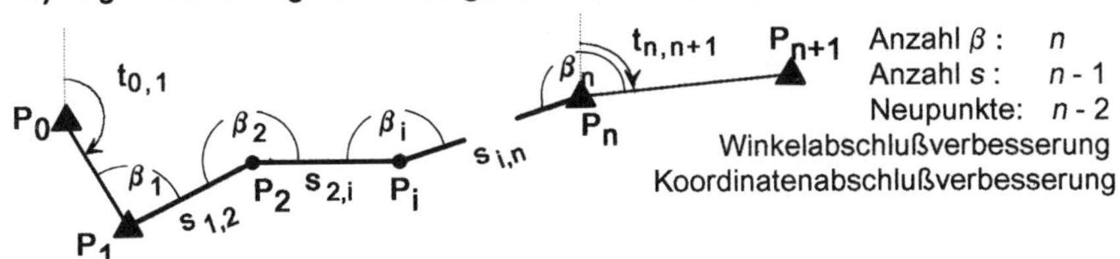

Anzahl β : n
Anzahl s : n - 1
Neupunkte: n - 2
Winkelabschlußverbesserung
Koordinatenabschlußverbesserung

b) Zug mit Koordinatenabschluß

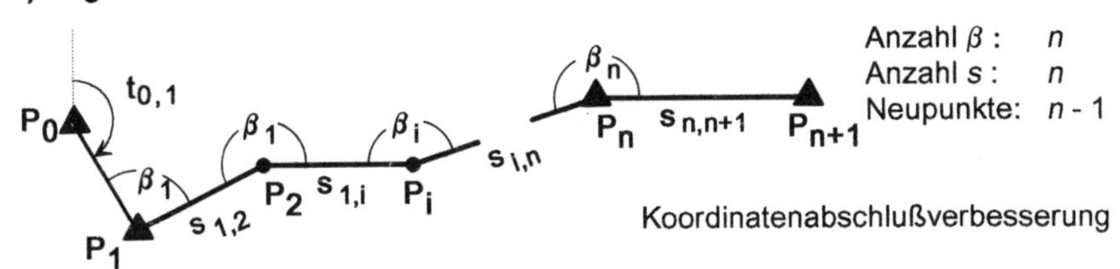

c) Zug ohne Richtungs- und Koordinatenabschluß

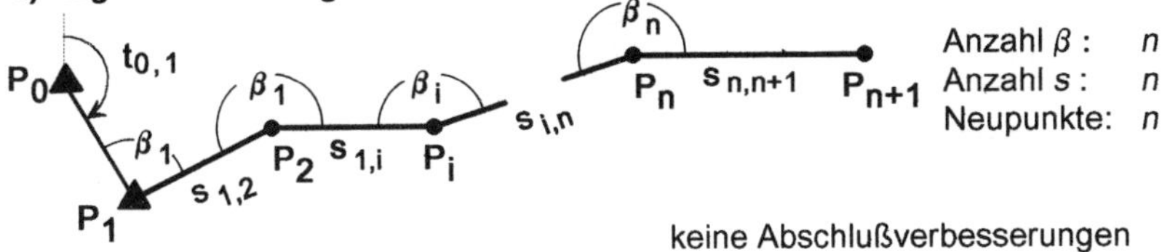

d) eingehängter Zug

- im örtlichen Koordinatensystem rechnen und ins Landeskoordinatensystem transformieren

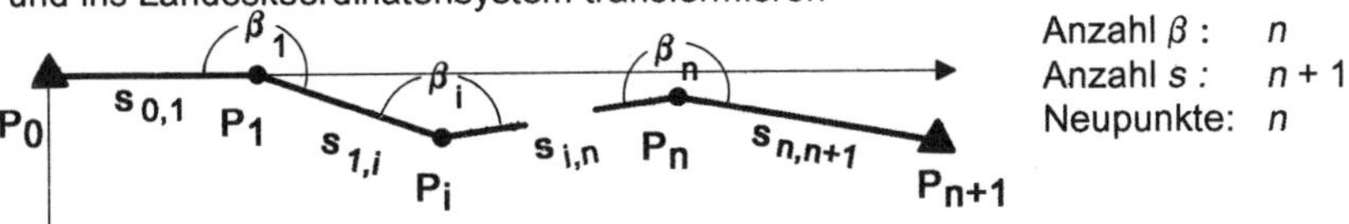

e) freier Zug

- im örtlichen Koordinatensystem rechnen

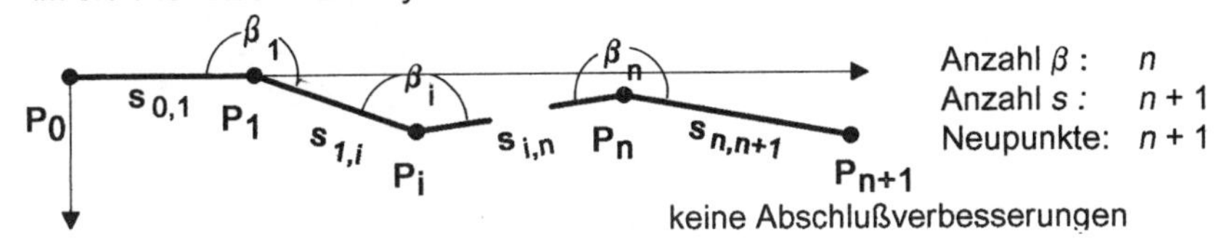

f) geschlossener Polygonzug (Ringpolygon)

Polygonzugberechnung - Normalfall

1. Berechnung von Anschluß- und Abschlußrichtungswinkel $t_{0,1}, t_{n,n+1}$ (R - P)

2. Winkelabweichung / Winkelabschlußverbesserung

$$W_W = t_{n,n+1} - \left[t_{0,1} + [\beta] - n \cdot 200 \text{ gon} \right]$$

$$\Delta W_W = \frac{W_W}{n}$$

n = Anzahl der Brechungspunkte *β = Brechungswinkel*

3. Richtungswinkel

$$t_{i,i+1} = t_{i-1,i} + \beta_i + 200 \text{ gon} + \Delta W_W \ (\pm 400 \text{ gon})$$

4. Koordinatenunterschiede

$$\Delta y_{i,i+1} = s_{i,i+1} \cdot \sin t_{i,i+1}$$

$$\Delta x_{i,i+1} = s_{i,i+1} \cdot \cos t_{i,i+1}$$ (P - R)

Probe für Koordinatenunterschiede

$$\Delta y_{i,i+1} + \Delta x_{i,i+1} = s_{i,i+1} \cdot \sqrt{2} \cdot \sin \left(t_{i,i+1} + 50 \text{ gon} \right)$$

5. Koordinatenabweichungen

$$W_y = (y_n - y_1) - [\Delta y]$$

$$W_x = (x_n - x_1) - [\Delta x]$$

6. Koordinatenverbesserungen

$$v_{\Delta y_{i,i+1}} = \frac{s_{i,i+1}}{[s]} \cdot W_y$$

$$v_{\Delta x_{i,i+1}} = \frac{s_{i,i+1}}{[s]} \cdot W_x$$

7. Endgültige Koordinaten

$$y_{i,i+1} = y_i + \Delta y_{i,i+1} + v_{\Delta y_{i,i+1}}$$

$$x_{i,i+1} = x_i + \Delta x_{i,i+1} + v_{\Delta x_{i,i+1}}$$

8. Abweichungen

Lineare Abweichung

$$W_S = \sqrt{W_y^2 + W_x^2}$$

Längsabweichung

$$W_L = \frac{v_y \cdot [\Delta y] + v_x \cdot [\Delta x]}{\sqrt{[\Delta y]^2 + [\Delta x]^2}}$$

Lineare Querabweichung

$$W_Q = \frac{v_y \cdot [\Delta x] - v_x \cdot [\Delta y]}{\sqrt{[\Delta y]^2 + [\Delta x]^2}}$$

$$[\Delta y] = \left[\Delta y_{i,i+1} \right]$$

$$[\Delta x] = \left[\Delta x_{i,i+1} \right]$$

Polygonierung

Polygonzugberechnung

Polygonzug ohne Richtungsan- und -abschluß

örtliches Koordinatensystem: freier Polygonzug oder eingehängter Polygonzug

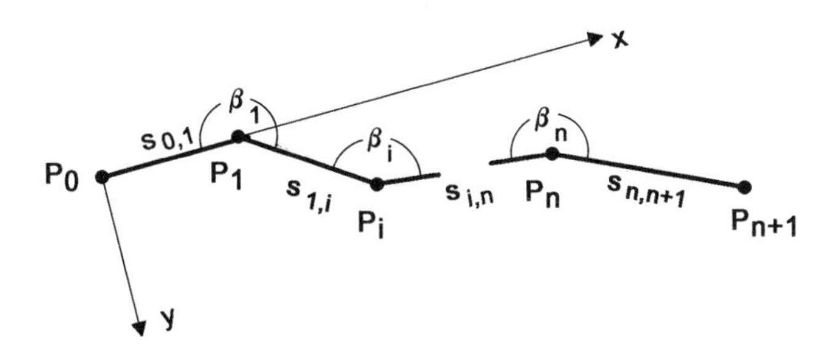

Richtungswinkel

$$t_{i,i+1} = t_{i-1,i} + \beta_i + 200 \text{ gon}$$

$$t_{0,1} = 0 \text{ gon}$$

Koordinatenunterschiede

$$\Delta y_{i,i+1} = s_{i,i+1} \cdot \sin t_{i,i+1}$$

(P - R)

$$\Delta x_{i,i+1} = s_{i,i+1} \cdot \cos t_{i,i+1}$$

$$\Delta y_{0,1} = 0$$

$$\Delta x_{0,1} = s_{0,1}$$

Probe für Koordinatenunterschiede

$$\Delta y_{i,i+1} + \Delta x_{i,i+1} = s_{i,i+1} \cdot \sqrt{2} \cdot \sin\left(t_{i,i+1} + 50 \text{ gon}\right)$$

örtliche Koordinaten

$$y_{i+1} = y_i + \Delta y_{i,i+1}$$

$$x_{i+1} = x_i + \Delta x_{i,i+1}$$

$$y_{P_0} = 0$$

$$x_{P_0} = 0$$

Sind von Anfangs- und Endpunkt Landeskoordinaten bekannt, so können die örtlichen Koordinaten der Polygonpunkte in Landeskoordinaten transformiert werden. (**Koordinatentransformation mit zwei identischen Punkten**)

Polygonierung

Polygonzugberechnung

Ringpolygon

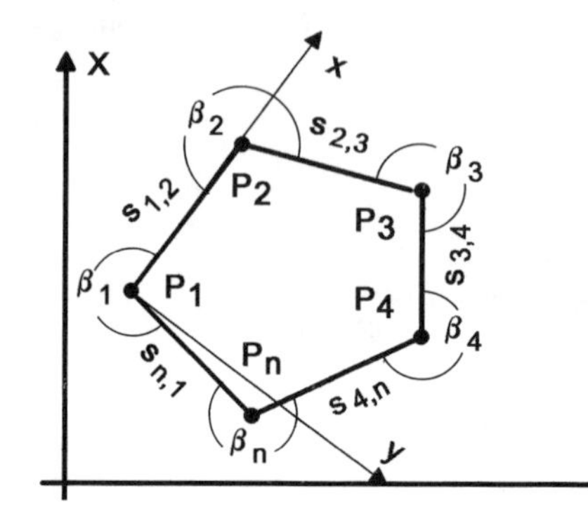

- örtliches Koordinatensystem
- hohe innere Genauigkeit
- für Landesnetz wegen der Störung des Nachbarschaftsprinzip ungünstig

Winkelabweichung W_W / Winkelabschlußverbesserung ΔW_W

Sollwerte: $[\beta_i] = (n+2)200$ gon für Außenwinkel

$[\beta_i] = (n-2)200$ gon für Innenwinkel

$$W_W = (n \pm 2)200 \text{ gon} - [\beta_i]$$

$$\Delta W_W = \frac{W_W}{n}$$

n = Anzahl der Ecken $[\beta_i]$ *= gemessene Brechungswinkel*

Richtungswinkel Koordinatenunterschiede

siehe Polygonzugberechnung - Normalfall, wobei:
$t_{1,2} = 0$ gon $\Delta y_{1,2} = 0$ $\Delta x_{1,2} = s_{1,2}$

Koordinatenabweichungen

$$W_y = 0 - [\Delta y]$$

$$W_x = 0 - [\Delta x]$$

Koordinatenverbesserungen

$$v\Delta y_{i,i+1} = \frac{s_{i,i+1}}{[s]} \cdot W_y$$

$$v\Delta x_{i,i+1} = \frac{s_{i,i+1}}{[s]} \cdot W_x$$

Endgültige Koordinaten

siehe Polygonzugberechnung - Normalfall, wobei:
y_1, x_1 *beliebig wählbar sind*

Abschließende Rechenprobe:

$y_1 = y_n + \Delta y_{1,n}$ $x_1 = x_n + \Delta x_{1,n}$

Zulässige Abweichungen für Polygonzüge

Baden - Württemberg

Zahl der Brechungspunkte

$$n \leq 0,01 \cdot [s] + 3$$

Zulässige Streckenabweichung der Polygonseite [m]

$$Z_{E1} = \frac{1}{2}(0,006 \cdot \sqrt{s} + 0,02)$$

$$Z_{E2} = 0,006 \cdot \sqrt{s} + 0,02$$

Zulässige Winkelabweichung [mgon]

$$Z_{W1} = \frac{2}{3}\sqrt{\frac{600^2}{[s]^2} \cdot (n-1)^2 \cdot n + 10^2}$$

$$Z_{W2} = \sqrt{\frac{600^2}{[s]^2} \cdot (n-1)^2 \cdot n + 10^2}$$

Zulässige Längsabweichung [m]

$$Z_{L1} = \frac{2}{3}\sqrt{0,03^2 \cdot (n-1) + 0,06^2}$$

$$Z_{L2} = \sqrt{0,03^2 \cdot (n-1) + 0,06^2}$$

Zulässige Querabweichung [m]

$$Z_{Q1} = \frac{2}{3}\sqrt{0,003^2 \cdot n^3 + 0,00005^2 \cdot S^2 + 0,06^2}$$

$$Z_{Q2} = \sqrt{0,003^2 \cdot n^3 + 0,00005^2 \cdot S^2 + 0,06^2}$$

$[s]$ = Summe der Seiten eines Polgonzuges in Metern
S = Strecke zwischen Anfangspunkt- und Endpunkt
n = Anzahl der Brechungspunkte einschließlich Anfangs- und Endpunkt

Fehlertheorie

Querabweichung beim gestreckten Zug

Querabweichung des freien Zuges

am Zugende

$$Q_{Ende} = \sqrt{\frac{n(2n-1)}{6(n-1)}} \cdot [s] \cdot \frac{s_\beta}{\text{rad}} \approx \sqrt{\frac{n}{3}} \cdot [s] \cdot \frac{s_\beta}{\text{rad}}$$

in der Zugmitte

$$Q_{Mitte} = \sqrt{\frac{n(n+1)}{24(n-1)}} \cdot [s] \cdot \frac{s_\beta}{\text{rad}} \approx \sqrt{\frac{n}{24}} \cdot [s] \cdot \frac{s_\beta}{\text{rad}}$$

Querabweichung bei beidseitigem Richtungsanschluß

am Zugende

$$Q_{Ende} = \sqrt{\frac{n(n+1)}{12(n-1)}} \cdot [s] \cdot \frac{s_\beta}{\text{rad}} \approx \sqrt{\frac{n}{12}} \cdot [s] \cdot \frac{s_\beta}{\text{rad}}$$

in der Zugmitte

$$Q_{Mitte} = \sqrt{\frac{(n+1)(n+3)}{96(n-1)}} \cdot [s] \cdot \frac{s_\beta}{\text{rad}} \approx \sqrt{\frac{n}{96}} \cdot [s] \cdot \frac{s_\beta}{\text{rad}}$$

Querabweichung bei beidseitig richtungs- und lagemäßig angeschlossenem Zug (Normalfall)

in der Zugmitte

$$Q_{Mitte} = \sqrt{\frac{n^4+2n^2-3}{192n(n-1)^2}} \cdot [s] \cdot \frac{s_\beta}{\text{rad}} \approx \sqrt{\frac{n}{192}} \cdot [s] \cdot \frac{s_\beta}{\text{rad}}$$

Bei lagemäßig beidseitig angeschlossenen Zügen ist die Querabweichung am Zugende stets Null

n = Anzahl der Brechpunkte
[s] = Summe aller Polygonseiten s_β *= Standardabweichung des Brechungswinkels*

Längsabweichung beim gestreckten Zug

Längsabweichung beim freien Zug

am Zugende

$$L_{Ende} = \sqrt{(n-1)} \cdot s_s = \sqrt{\frac{[s]}{s}} \cdot s_s$$

Längsabweichung beim lagemäßig angeschlossenen Zug (Normalfall)

in der Zugmitte

$$L_{Mitte} = \frac{1}{2}\sqrt{(n-1)} \cdot s_s = \frac{1}{2}\sqrt{\frac{[s]}{s}} \cdot s_s$$

n = Anzahl der Brechpunkte
[s] = Summe aller Polygonseiten s_s *= Standardabweichung des Brechungswinkels*

Freie Standpunktwahl

mittels Helmert - Transformation

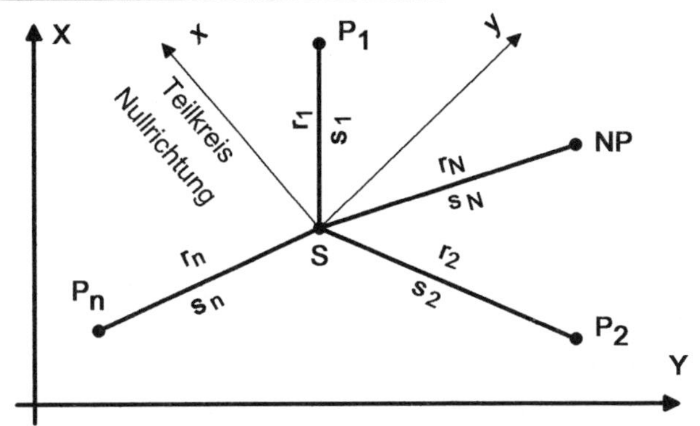

Umrechnung der gemessenen Polarkoordinaten in ein örtliches rechtwinkliges Koordinatensystem (y , x) mit Koordinatenursprung im Standpunkt

$$y_i = s_i \cdot \sin r_i \qquad x_i = s_i \cdot \cos r_i \qquad \text{(P - R)}$$

Berechnung der Koordinaten des Standpunktes

Transformation der Koordinaten des örtlichen *yx*- System in die Koordinaten eines übergeordneten *YX*- Systems mittels einer Helmert - Transformation

Schwerpunktskoordinaten

$$y_S = \frac{[y_i]}{n} \qquad x_S = \frac{[x_i]}{n} \qquad Y_S = \frac{[Y_i]}{n} \qquad X_S = \frac{[X_i]}{n}$$

Reduktion auf den Schwerpunkt

$$\bar{y}_i = y_i - \frac{[y_i]}{n} \qquad \bar{x}_i = x_i - \frac{[x_i]}{n} \qquad \bar{Y}_i = Y_i - \frac{[Y_i]}{n} \qquad \bar{X}_i = X_i - \frac{[X_i]}{n}$$

n = Anzahl der identischen Punkte

Transformationsparameter

$$o = \frac{\left[\bar{x}_i \cdot \bar{Y}_i - \bar{y}_i \cdot \bar{X}_i\right]}{\left[\bar{x}_i^2 + \bar{y}_i^2\right]} \qquad a = \frac{\left[\bar{x}_i \cdot \bar{X}_i + \bar{y}_i \cdot \bar{Y}_i\right]}{\left[\bar{x}_i^2 + \bar{y}_i^2\right]}$$

Koordinaten des Standpunktes

$$Y_0 = Y_S - a \cdot y_S - o \cdot x_S \qquad X_0 = X_S - a \cdot x_S + o \cdot y_S$$

Maßstabsfaktor

$$m = \sqrt{a^2 + o^2}$$

$m = 1$: $\qquad o = \frac{o}{m} \qquad a = \frac{a}{m}$

Freie Standpunktwahl

Abweichungen

$$v_{Y_i} = -Y_0 - a \cdot y_i - o \cdot x_i + Y_i \qquad v_{X_i} = -X_0 - a \cdot x_i + o \cdot y_i + X_i$$

Probe: $\left[v_{Y_i}\right] = 0 \qquad \left[v_{X_i}\right] = 0$

Genauigkeit:

Standardabweichung der Koordinaten

$$s_X = s_Y = \sqrt{\frac{\left[v_{X_i} v_{X_i}\right] + \left[v_{Y_i} v_{Y_i}\right]}{2n - 4}}$$

Probe: $\left[v_{X_i} v_{X_i}\right] + \left[v_{Y_i} v_{Y_i}\right] = \left[\overline{X}_i^2 + \overline{Y}_i^2\right] - \left(a^2 + o^2\right) \cdot \left[\overline{x}_i^2 + \overline{y}_i^2\right]$

Berechnung der Koordinaten der Neupunkte

Umrechnung der gemessenen Polarkoordinaten in das *yx*-System

$$y_N = s_N \cdot \sin r_N \qquad x_N = s_N \cdot \cos r_N \qquad (\text{P - R})$$

Koordinaten der Neupunkte

$$Y_N = Y_0 + a \cdot y_N + o \cdot x_N \qquad X_N = X_0 + a \cdot x_N - o \cdot y_N$$

Verbesserung der Koordinaten - *Nachbarschaftstreue Einpassung*

Koordinatenverbesserungen für jeden Neupunkt, in denen die Fehlervektoren aller Anschlußpunkte entsprechend ihrer Punktlage Berücksichtigung finden

$$Y_N = Y_N + v_y \qquad v_y = \frac{\left[p_i \cdot v_{Y_i}\right]}{[p_i]}$$

$$X_N = X_N + v_x \qquad v_x = \frac{\left[p_i \cdot v_{X_i}\right]}{[p_i]}$$

$$p_i = \frac{1}{s_i} \qquad s_i = \sqrt{(Y_N - Y_i)^2 + (X_N - X_i)^2}$$

Absteckwerte von Koordinaten im Koordinatensystem *YX*

$$a^T = \frac{a}{a^2 + o^2} \qquad o^T = -\frac{o}{a^2 + o^2}$$

$$y_0 = -X_0 \cdot o^T - Y_0 \cdot a^T \qquad x_0 = -X_0 \cdot a^T + Y_0 \cdot o^T$$

$$y_A = y_o + a^T \cdot Y_A + o^T \cdot X_A \qquad x_A = x_o + a^T \cdot X_A - o^T \cdot Y_A$$

Berechnung der Polarkoordinaten im örtlichen System über Richtungswinkel und Entfernung (R - P)

Ebene Transformationen

Drehung um den Koordinatenursprung

Verdrehungswinkel

$$\varepsilon = t_{A,E}(Y,X) - t_{A,E}(y,x)$$

Transformationsgleichung

$$Y_i = x_i \cdot \sin\varepsilon + y_i \cdot \cos\varepsilon$$

$$X_i = x_i \cdot \cos\varepsilon - y_i \cdot \sin\varepsilon$$

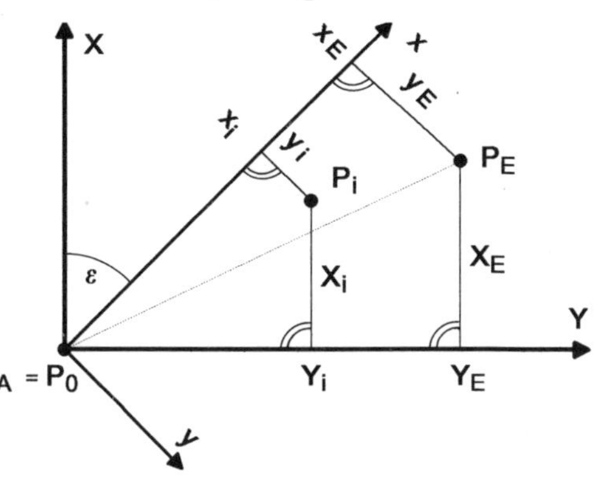

Koordinatentransformation mit zwei identischen Punkten

Transformation eines Koordinatensystems 1 in ein Koordinatensystem 2

y, x = Koordinatensystem 1
Y, X = Koordinatensystem 2

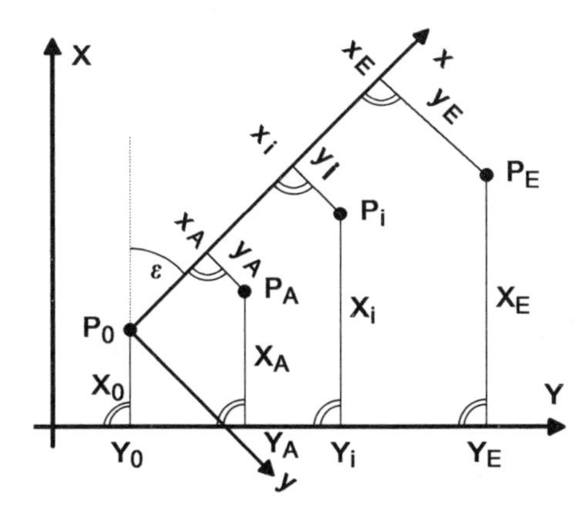

Verdrehungswinkel

$$\varepsilon = t_{A,E}(Y,X) - t_{A,E}(y,x)$$

Transformationsparameter

$$o = \frac{\Delta Y \cdot \Delta x - \Delta X \cdot \Delta y}{s^2} = \frac{S}{s} \cdot \sin\varepsilon \qquad a = \frac{\Delta X \cdot \Delta x + \Delta Y \cdot \Delta y}{s^2} = \frac{S}{s} \cdot \cos\varepsilon$$

$$Y_0 = Y_A - o \cdot x_A - a \cdot y_A \qquad X_0 = X_A - a \cdot x_A + o \cdot y_A$$

$S = \sqrt{\Delta X^2 + \Delta Y^2}$ $\quad \Delta Y = Y_E - Y_A$ $\quad \Delta X = X_E - X_A$

$s = \sqrt{\Delta x^2 + \Delta y^2}$ $\quad \Delta y = y_E - y_A$ $\quad \Delta x = x_E - x_A$

Probe: $o^2 + a^2 = 1$

Koordinatentransformation mit zwei identischen Punkten

Maßstabsfaktor

$$m = \frac{S}{s}$$

$m = 1$: $\quad o = \frac{o}{m} \qquad a = \frac{a}{m}$

Transformationsgleichungen

$$Y_i = Y_0 + o \cdot x_i + a \cdot y_i \qquad X_i = X_0 + a \cdot x_i - o \cdot y_i$$

Probe:

$[Y_i] = n \cdot Y_0 + o \cdot [x_i] + a \cdot [y_i] \qquad [X_i] = n \cdot X_0 + a \cdot [x_i] - o \cdot [y_i]$

n = Anzahl der identischen Punkte

Sonderfall:

Transformation des Koordinatensystem 2 in das Koordinatensystem 1
Transformation auf eine Messungslinie

y, x = Koordinatensystem 1 (Messungslinie)
Y, X = Koordinatensystem 2 (Landessystem)

Verdrehungswinkel

$$\varepsilon = t_{A,E}(y,x) - t_{A,E}(Y,X) = -t_{A,E}(Y,X) \qquad y_A = y_E = 0$$

Transformationsparameter

$$o = -\frac{(Y_E - Y_A) \cdot s}{S^2} = -\frac{s}{S} \cdot \sin\varepsilon \qquad a = \frac{(X_E - X_A) \cdot s}{S^2} = \frac{s}{S} \cdot \cos\varepsilon$$

$$y_o = -o \cdot X_A - a \cdot Y_A \qquad x_o = X_A - a \cdot X_A + o \cdot Y_A$$

$s = x_E - x_A =$ *gemessene Strecke* $\qquad S = \sqrt{(Y_E - Y_A)^2 + (X_E - X_A)^2}$

Probe: $o^2 + a^2 = 1$

Maßstabsfaktor

$$m = \frac{s}{S}$$

$m = 1$: $\quad o = -\frac{o}{m} \qquad a = \frac{a}{m}$

Transformationsgleichungen

$$y_i = y_0 + o \cdot X_i + a \cdot Y_i \qquad x_i = x_0 + a \cdot X_i - o \cdot Y_i$$

Probe:

$[y_i] = n \cdot y_0 + o \cdot [X_i] + a \cdot [Y_i] \qquad [x_i] = n \cdot x_0 + a \cdot [X_i] + o \cdot [Y_i]$

n = Anzahl der identischen Punkte

Helmert - Transformation (4 Parameter)

Transformation der Koordinaten eines Koordinatensystems 1 (*y, x*) in ein Koordinatensystem 2 (*Y, X*)

Schwerpunktskoordinaten

$$y_S = \frac{[y_i]}{n} \; ; \; x_S = \frac{[x_i]}{n} \qquad Y_S = \frac{[Y_i]}{n} \; ; \; X_S = \frac{[X_i]}{n}$$

n = Anzahl der identischen Punkte

Reduktion auf den Schwerpunkt

$$\bar{y}_i = y_i - \frac{[y_i]}{n} \; ; \; \bar{x}_i = x_i - \frac{[x_i]}{n} \qquad \bar{Y}_i = Y_i - \frac{[Y_i]}{n} \; ; \; \bar{X}_i = X_i - \frac{[X_i]}{n}$$

Transformationsparameter

$$o = \frac{\left[\bar{x}_i \cdot \bar{Y}_i - \bar{y}_i \cdot \bar{X}_i\right]}{\left[\bar{x}_i^2 + \bar{y}_i^2\right]} \qquad a = \frac{\left[\bar{x}_i \cdot \bar{X}_i + \bar{y}_i \cdot \bar{Y}_i\right]}{\left[\bar{x}_i^2 + \bar{y}_i^2\right]}$$

$$Y_0 = Y_S - a \cdot y_S - o \cdot x_S \qquad X_0 = X_S - a \cdot x_S + o \cdot y_S$$

Maßstabsfaktor

$$m = \sqrt{a^2 + o^2}$$

$m = 1$:

$$o = \frac{o}{m} \qquad a = \frac{a}{m}$$

Abweichungen

$$v_{Y_i} = -Y_0 - a \cdot y_i - o \cdot x_i + Y_i \qquad v_{X_i} = -X_0 - a \cdot x_i + o \cdot y_i + X_i$$

Probe: $\left[v_{Y_i}\right] = 0 \qquad \left[v_{X_i}\right] = 0$

Helmert - Transformation

Genauigkeit:

Standardabweichung der Koordinaten

$$s_X = s_y = \sqrt{\frac{\left[v_{X_i} v_{X_i}\right] + \left[v_{Y_i} v_{Y_i}\right]}{2n - 4}}$$

Probe: $\left[v_{X_i} v_{X_i}\right] + \left[v_{Y_i} v_{Y_i}\right] = \left[\overline{X}_i^2 + \overline{Y}_i^2\right] - \left(a^2 + o^2\right) \cdot \left[\overline{x}_i^2 + \overline{y}_i^2\right]$

n = Anzahl der identischen Punkte

Transformationsgleichungen

$$Y_i = Y_0 + a \cdot y_i + o \cdot x_i \qquad X_i = X_0 + a \cdot x_i - o \cdot y_i$$

Probe nach der Transformation weiterer Punkte

$[Y_k] = k \cdot Y_0 + a \cdot [y_k] + o \cdot [x_k]$

$[X_k] = k \cdot X_0 + a \cdot [x_k] - o \cdot [y_k]$

k = Anzahl der transformierten Punkte

Rücktransformation

Transformation der Koordinaten des Koordinatensystems 2 (*Y, X*) in das Koordinatensystem 1 (*y, x*)

Transformationsparameter

$$a^T = \frac{a}{a^2 + o^2} \qquad o^T = \frac{o}{a^2 + o^2}$$

m = 1 : $a^T = a$ $\qquad o^T = o$

$$y_0 = -X_0 \cdot o^T - Y_0 \cdot a^T \qquad x_0 = -X_0 \cdot a^T + Y_0 \cdot o^T$$

Transformationsgleichungen

$$y_i = y_0 + a^T \cdot Y_i + o^T \cdot X_i \qquad x_i = x_0 + a^T \cdot X_i + o^T \cdot Y_i$$

Affin - Transformation (6 Parameter)

Transformation der Koordinaten eines Koordinatensystems 1 (*y, x*) in ein Koordinatensystem 2 (*Y, X*)

Schwerpunktskoordinaten

$$y_S = \frac{[y_i]}{n} \quad ; \quad x_S = \frac{[x_i]}{n}$$

$$Y_S = \frac{[Y_i]}{n} \quad ; \quad X_S = \frac{[X_i]}{n}$$

Reduktion auf den Schwerpunkt

$$\bar{y}_i = y_i - \frac{[y_i]}{n} \quad ; \quad \bar{x}_i = x_i - \frac{[x_i]}{n}$$

$$\bar{Y}_i = Y_i - \frac{[Y_i]}{n} \quad ; \quad \bar{X}_i = X_i - \frac{[X_i]}{n}$$

n = Anzahl der identischen Punkte

Transformationsparameter

$$a_1 = \frac{[\bar{x}_i\bar{X}_i] \cdot [\bar{y}_i^2] - [\bar{y}_i\bar{X}_i] \cdot [\bar{x}_i\bar{y}_i]}{N} = m_1 \cdot \cos\alpha$$

$$a_2 = \frac{[\bar{x}_i\bar{X}_i] \cdot [\bar{x}_i\bar{y}_i] - [\bar{y}_i\bar{X}_i] \cdot [\bar{x}_i^2]}{N} = m_2 \cdot \sin\beta$$

$$a_3 = \frac{[\bar{y}_i\bar{Y}_i] \cdot [\bar{x}_i^2] - [\bar{x}_i\bar{Y}_i] \cdot [\bar{x}_i\bar{y}_i]}{N} = m_2 \cdot \cos\beta$$

$$a_4 = \frac{[\bar{x}_i\bar{Y}_i] \cdot [\bar{y}_i^2] - [\bar{y}_i\bar{Y}_i] \cdot [\bar{x}_i\bar{y}_i]}{N} = m_1 \cdot \sin\alpha$$

$$N = [\bar{x}_i^2] \cdot [\bar{y}_i^2] - [\bar{x}_i\bar{y}_i]^2$$

$$Y_0 = Y_S - a_3 \cdot y_S - a_4 \cdot x_S \qquad X_0 = X_S - a_1 \cdot x_S + a_2 \cdot y_S$$

Drehwinkel für Abszisse und Ordinate

Abszisse $\alpha = \arctan\frac{a_4}{a_1}$ Ordinate $\beta = \arctan\frac{a_2}{a_3}$

Maßstabsfaktor für Abszisse und Ordinate

Abszisse $m_1 = \sqrt{a_1^2 + a_4^2}$ Ordinate $m_2 = \sqrt{a_2^2 + a_3^2}$

Affin - Transformation

Abweichungen

$$v_{Y_i} = -Y_0 - a_3 \cdot y_i - a_4 \cdot x_i + Y_i$$

$$v_{X_i} = -X_0 - a_1 \cdot x_i + a_2 \cdot y_i + X_i$$

Probe: $[v_{Y_i}] = 0$ $[v_{X_i}] = 0$

Genauigkeit:

Standardabweichung der Koordinaten

$$s_x = s_y = \sqrt{\frac{[v_{X_i} v_{X_i}] + [v_{Y_i} v_{Y_i}]}{2n-6}}$$

Probe: $[v_{X_i} v_{X_i}] + [v_{Y_i} v_{Y_i}] = [\overline{X}_i^2 + \overline{Y}_i^2] - (a^2 + o^2) \cdot [\overline{x}_i^2 + \overline{y}_i^2]$

Transformationsgleichungen

$$Y_i = Y_0 + a_3 \cdot y_i + a_4 \cdot x_i$$

$$X_i = X_0 + a_1 \cdot x_i - a_2 \cdot y_i$$

Rücktransformation

Transformation der Koordinaten des Koordinatensystems 2 (Y, X) in das Koordinatensystem 1 (y, x)

Transformationsparameter

$$a_1^T = \frac{a_3}{a_1 a_3 + a_2 a_4} \qquad a_2^T = \frac{-a_2}{a_1 a_3 + a_2 a_4}$$

$$a_3^T = \frac{a_1}{a_1 a_3 + a_2 a_4} \qquad a_4^T = \frac{-a_4}{a_1 a_3 + a_2 a_4}$$

$$y_0 = -a_4^T \cdot X_0 - a_3^T \cdot Y_0 \qquad x_0 = -a_1^T \cdot X_0 + a_2^T \cdot Y_0$$

Transformationsgleichungen

$$y_i = y_0 + a_3^T \cdot Y_i + a_4^T \cdot X_i$$

$$x_i = x_0 + a_1^T \cdot X_i - a_2^T \cdot Y_i$$

Ausgleichende Gerade

Transformation der Koordinaten eines Landessystems in ein örtliches System

Transformation der Ordinaten unabhängig von den Abszissen

y, x = örtliches System
Y, X = Landessystem

Ordinatenausgleichung

Vorläufige Transformation der Ordinaten Y

$$T = \arctan \frac{Y_E - Y_A}{X_E - X_A} \qquad t = \arctan \frac{y_E - y_A}{x_E - x_A} \qquad \alpha = t - T$$

$$a' = \cos \alpha \qquad o' = \sin \alpha \qquad y_0' = y_A - a' \cdot Y_A - o' \cdot X_A$$

vorläufige Ordinaten

$$y_i' = y_0' + a' \cdot Y_i + o' \cdot X_i$$

Endgültige Transformation der Ordinaten Y

Verbesserungsgleichung

$$v_{Y_i} = -x_i \cdot \Delta m - \Delta b + \Delta y_i \qquad \Delta y_i = y_i - y_i'$$

$$\Delta m = \frac{[x \cdot \Delta y] \cdot n - [x] \cdot [\Delta y]}{\left[x^2\right] \cdot n - [x]^2} \qquad \Delta b = \frac{[\Delta y]}{n} - \frac{[x]}{n} \cdot \Delta m$$

n = Anzahl der identischen Punkte

Transformationsparameter

$$a = \cos(\alpha + \Delta\alpha)$$

$$o = \sin(\alpha + \Delta\alpha)$$

$$y_0 = y_A - a \cdot Y_A - o \cdot X_A + x_A \cdot \Delta m + \Delta b$$

$$\Delta\alpha = \arctan \Delta m$$

Transformationsgleichung

$$y_i = y_0 + a \cdot Y_i + o \cdot X_i$$

Ausgleichende Gerade

Abszissenausgleichung

Vorläufige Transformation der Abszissen X

$$x_0 = x_A + a \cdot X_A + o \cdot Y_A$$

vorläufige Abszissen

$$x_i' = x_0 + a \cdot X_i - o \cdot Y_i$$

a und o aus Ordinatenausgleichung

Endgültige Transformation der Abszissen X

Verbesserungsgleichung

$$v_{x_i} = -x_i' \cdot \Delta m_A - \Delta x_0 + \Delta x_i \qquad \Delta x_i = x_i - x_i'$$

$$\Delta m_A = \frac{[x \cdot \Delta x] \cdot n - [x] \cdot [\Delta x]}{\left[x^2\right] \cdot n - [x]^2} \qquad \Delta x_0 = \frac{[\Delta x]}{n} - \frac{[x]}{n} \cdot \Delta m_A$$

Transformationsparameter

$$x_0 = m \cdot x_0 + \Delta x_0$$

Maßstab

$$m = 1 + \Delta m_A$$

Transformationsgleichung

$$x_i = x_0 + m \cdot a \cdot X_i - m \cdot o \cdot Y_i$$

Rücktransformation

Transformation der Koordinaten des örtlichen Systems (y, x) in das Landessystem (Y, X)

Transformationsparameter

$$a^T = a \qquad o^T = -o$$

$$X_0 = -\frac{1}{m} \cdot x_0 + o^T \cdot y_0 \qquad Y_0 = -\frac{1}{m} \cdot x_0 - a^T \cdot y_0$$

Transformationsgleichungen

$$X_i = X_0 + \frac{1}{m} \cdot a^T \cdot x_i - o^T \cdot y_i \qquad Y_i = Y_0 + \frac{1}{m} \cdot o^T \cdot x_i + a^T \cdot y_i$$

Höhenmessung

Höhenbezugsfläche

Als Höhenbezugsfläche gilt in Deutschland diejenige Niveaufläche der Erde, die im Abstand von 37,000 m unter dem Normalhöhenpunkt von 1879 an der früheren Berliner Sternwarte bzw. 54,638 munter dem Normalhöhenpunkt von 1912 bei Berlin - Hoppegarten verläuft. Diese Niveaufläche heißt **Normal Null** oder **NN**. Sie stimmt etwa mit den an der deutschen Küste beobachteten mittleren Wasserständen überein.

Geometrisches Nivellement

Definitionen

Nivellementstrecke (Niv - Strecke)
Nivellitische Verbindung zweier benachbarter Höhenfestpunkte, die in der Regel durch Wechselpunkte unterteilt ist

Nivellementlinie (Niv - Linie)
Zusammenfassung von aufeinanderfolgenden Niv - Strecken

Nivellementschleife (Niv - Schleife)
In sich geschlossene Folge von Niv - Linien oder Niv - Strecken

Höhenknotenpunkt
Höhenpunkt, zu dem mindestens drei Niv - Linien führen

Allgemeine Beobachtungshinweise

1. Größte Zielweiten : 30 - 50 m
   bei Feinnivellement : 25 - 35 m (Zielweiten abschreiten oder abmessen)
2. Gleiche Zielweiten für den Rück- und Vorblick eines Standpunktes
   Zielweite Vorblick = Zielweite Rückblick;
   wenn dies nicht möglich ist, muß der Einfluß von Erdkrümmung und Refraktion berücksichtigt werden.

   Einfluß von Erdkrümmung und Refraktion bei ungleichen Zielweiten

   $$p = -1{,}68 \cdot 10^{-7} \cdot Z^2 \qquad Z = Zielweite$$

3. Zielhöhe nicht unter 0,3 m über Boden (Refraktionseinflüsse)
4. Hin- und Rücknivellement
5. Σ Zielweiten Hinmessung = Σ Zielweiten Rückmessung
6. Gerade Anzahl von Standpunkten (2 Niv - Latten verwenden)
7. Anwendung des Verfahrens " Rote Hose ", um den Kompensationsfehler unwirksam zu machen

Grundformel eines Nivellement

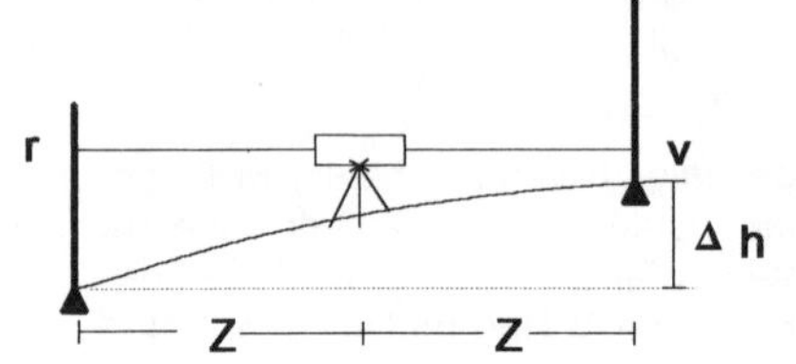

Höhenunterschied

Höhenunterschied = Rückblick - Vorblick
$\Delta h = r - v$

Höhenunterschied zwischen zwei Höhenfestpunkten

Sollhöhenunterschied (Differenz zwischen zwei vorgegebenen Höhen)

$$\Delta H = H_E - H_A$$

H_A = *Höhe des Anfangpunktes*
H_E = *Höhe des Endpunktes*

Isthöhenunterschied (beobachteter Höhenunterschied zwischen zwei Höhenpunkten)

$$\Delta h = \sum_{i=1}^{n} r_i - \sum_{i=1}^{n} v_i$$

n = *Anzahl der Niv - Standpunkte*

Feinnivellement

Beobachtungsverfahren

Lattenablesung an Zweiskalenlatten:

$r_l \rightarrow v_l \rightarrow v_r \rightarrow r_r$

r_l = Rückblick / linke Lattenskala
r_r = Rückblick / rechte Lattenskala
v_l = Vorblick / linke Lattenskala
v_r = Vorblick / rechte Lattenskala

Auswertung der Beobachtung

sofortige Standpunktskontrolle

$$k_l = r_l - v_l - (r_r - v_r)$$

$$k_l = k_v - k_r$$

sofortige Vor- und Rückblickkontrolle

$$k_r = r_r - r_l - \text{Teilungskonstante}$$
$$k_v = v_r - v_l - \text{Teilungskonstante}$$

Zulässige Abweichung

$k_l \leq 0{,}2$ mm

$k_r, k_v \leq 0{,}15$ mm

Höhenunterschied

$$\Delta h = \frac{\Delta h_l + \Delta h_r}{2}$$

$\Delta h_l = r_l - v_l$; $\Delta h_r = r_r - v_r$

Ausgleichung einer Nivellementstrecke / Nivellementschleife

Bestimmung eines Höhenneupunktes zwischen zwei Höhenfestpunkten mit den Höhen H_A *und* H_E

Nivellementstrecke

Sollhöhenunterschied

$$\Delta H = H_E - H_A$$

Isthöhenunterschied

$$\Delta h = \Sigma h_i = \Sigma r_i - \Sigma v_i$$

Streckenwiderspruch

$$w_S = \Delta H - \Delta h$$

Nivellementschleife

$H_A = H_E$

Sollhöhenunterschied

$$\Delta H = 0$$

Isthöhenunterschied

$$\Delta h = \Sigma h_i = \Sigma r_i - \Sigma v_i$$

Schleifenwiderspruch

$$w_U = -\Delta h$$

Verteilung des Strecken bzw. Schleifenwiderspruchs w_S, w_U

wichtiger Hinweis:
Die Verbesserung $\mathbf{v}_i$ darf nicht mit dem Vorblick v_i verwechselt werden.

1. Verbesserung der einzelnen Rückblickablesungen

   a) nach der Anzahl der Standpunkte
   (wenn alle Zielweiten etwa gleich lang)

   $$\mathbf{v}_i = \frac{w}{n}$$ $n =$ *Anzahl der Niv-Standpunkte*

   b) nach den Zielweiten

   $$\mathbf{v}_i = \frac{w}{S} \cdot z_i$$

   $z_i = z_R + z_V =$ *Zielweite eines Standpunktes*
   $S = U =$ *Länge einer Niv-Strecke / Niv-Schleife*

   ⇒ ***Verbesserte Rückwärtsablesung*** $\bar{r}_i = r_i + \mathbf{v}_i$

2. Verbesserung der Höhe des Neupunktes

   $$\mathbf{v}_N = \frac{w}{S} \cdot S_N$$

   $S_N =$ *Niv-Strecke vom Höhenfestpunkt bis zum Neupunkt*
   $S = U =$ *Länge einer Niv-Strecke / Niv-Schleife*

   ⇒ ***Verbesserte Höhe des Neupunktes*** $H_{\bar{N}} = H_N + \mathbf{v}_N$

Höhenknotenpunkt

Bestimmung eines Höhenneupunktes von mehreren Höhenfestpunkten aus

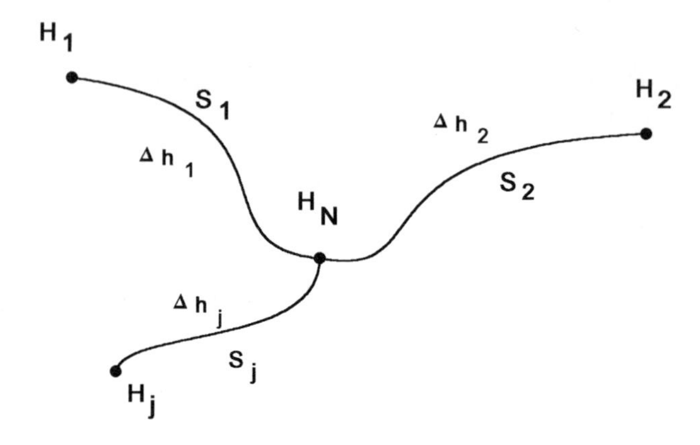

Gewogenes Mitte der Höhe des Neupunktes

$$H_{\bar{N}} = \frac{\left[H_{N_i} \cdot p_i\right]}{[p_i]}$$

$p_i = \dfrac{1}{S_i}$

$S_i = \text{Länge einer Niv - Strecke}$

$H_{N_i} = H_i + \Delta h_i$

$\Delta h_i = \text{beobachteter Höhenunterschied}$

$H_i = \text{Höhenfestpunkte}$

Genauigkeit:

Standardabweichung der Gewichtseinheit

$$s_0 = \sqrt{\frac{[p_i v_i v_i]}{n-1}}$$

$v_i = H_{\bar{N}_i} - H_{N_i}$

$n = \text{Anzahl der Höhen } H_{N_i}$

Standardabweichung des Höhenneupunktes

$$s_{H_{\bar{N}}} = \frac{s_0}{\sqrt{[p_i]}}$$

Ziellinienüberprüfung

Verfahren aus der Mitte

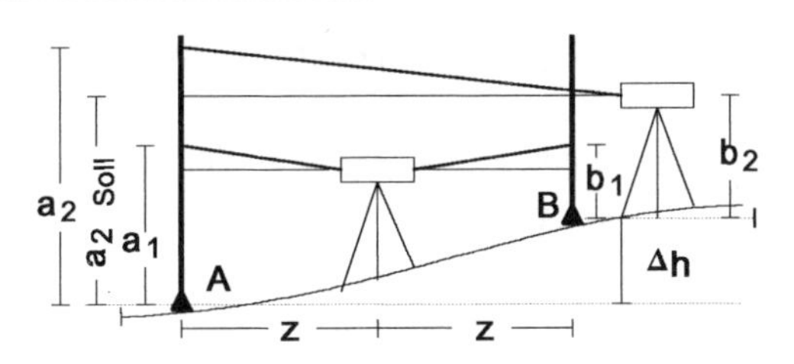

$\Delta h = a_1 - b_1$ fehlerfrei

$a_{2\,Soll} = b_2 + (a_1 - b_1)$

Verfahren nach Kukkamäki

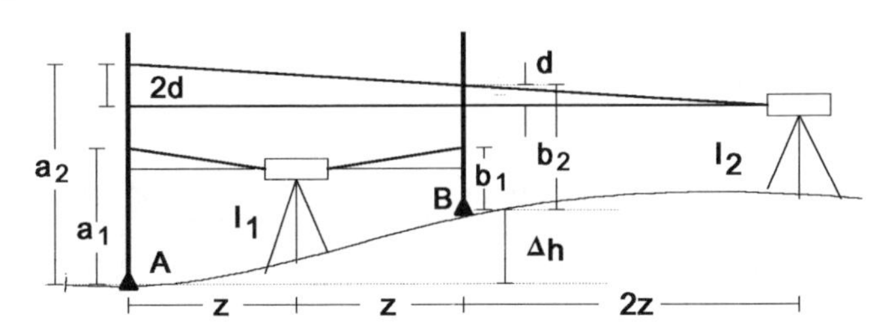

I_1 : $\Delta h = a_1 - b_1$ fehlerfrei

I_2 : $\Delta h = a_2 - b_2 - d$

$a_{2\,Soll} = a_2 - 2d$

$d = (a_2 - b_2) - (a_1 - b_1)$

$b_{2\,Soll} = b_2 - d$

Verfahren nach Näbauer

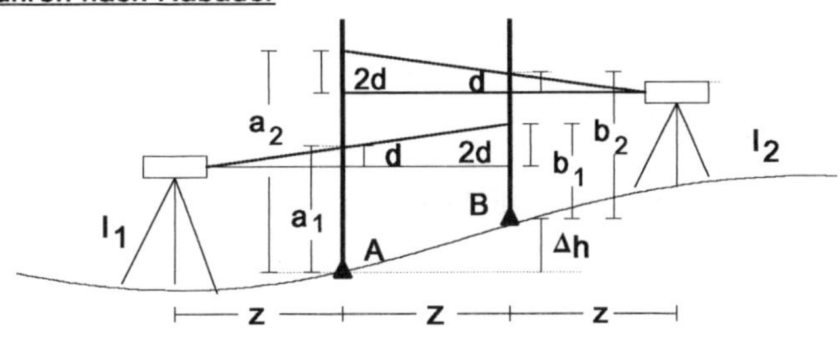

I_1 : $\Delta h = (a_1 - d) - (b_1 - 2d) = (a_1 - b_1) + d$

I_2 : $\Delta h = (a_2 - 2d) - (b_2 - d) = (a_2 - b_2) - d$

$2d = (a_2 - b_2) - (a_1 - b_1)$

$a_{2\,Soll} = a_2 - 2d = (a_1 - b_1) + b_2$

$b_{2\,Soll} = b_2 - d$

Genauigkeit des Nivellement

Gewichtsansatz

$$p = \frac{1}{S[\text{km}]}$$

S = Länge einer Niv - Strecke [km]

Standardabweichung für 1 km Niv - Strecke aus Streckenwidersprüchen

Einfachmessung

$$s_0 = \sqrt{\frac{1}{2n} \cdot \left[\frac{w_S w_S}{S}\right]}$$

w_S = Streckenwiderspruch:
Summe der Höhenunterschiede aus Hin- und Rückmesung
n = Anzahl der Widersprüche
S = Länge einer Niv - Strecke [km]

Doppelmessung

$$s_D = \frac{s_0}{\sqrt{2}}$$

Standardabweichung für 1 km Niv - Strecke aus Schleifenwidersprüchen

Einfachmessung / Doppelmessung

$$s_0 = s_D = \sqrt{\frac{1}{n} \cdot \left[\frac{w_U w_U}{U}\right]}$$

w_U = Schleifenwiderspruch:
Abweichung der Summe der Höhenunterschiede von Null
n = Anzahl der Widersprüche
U = Länge einer Niv - Schleife = Σ S

Schleifenwiderspruch aus Einzelmessung : Standardabweichung s_0
Schleifenwiderspruch aus Doppelmessung: Standardabweichung s_D

Standardabweichung einer Niv - Strecke von der Länge S_i

$$s_i = s_0 \cdot \sqrt{S_i} = s_D \cdot \sqrt{S_i}$$

Standardabweichung einer Niv - Strecke der Länge S aus Einzelhöhenunterschieden

$$s_S = s_{\Delta h} \cdot \sqrt{\frac{S}{2Z}}$$

Z = Zielweiten *S = Länge einer Niv - Strecke*

Standardabweichung des Einzelhöhenunterschiedes

$$s_{\Delta h} = s_A \cdot \sqrt{2}$$

s_A = Ablesegenauigkeit an der Nivellierskala

Zusätzliche Abweichungen beim Feinnivellement

Innere Genauigkeit

$$s_I = \sqrt{\frac{[k_I k_I]}{2n}}$$

k_I= Standpunktskontrolle = $\Delta h_I - \Delta h_{II}$
n = Anzahl der Standpunkte

Standardabweichung aus Hin- und Rückmessung

$$s_0 = \sqrt{\frac{\left[w' w' p\right]}{2n}} \qquad w' = \frac{I + II}{2} - \frac{III + IV}{2}$$

$$s_0 = \sqrt{\frac{\left[w'' w'' p\right]}{2n}} \qquad w'' = \frac{I + IV}{2} - \frac{II + III}{2}$$

I = ΔH Hinmessung Lattenskala links
II = ΔH Rückmessung Lattenskala links
III = ΔH Hinmessung Lattenskala rechts
IV = ΔH Rückmessung Lattenskala rechts

Zulässige Abweichungen

Zulässiger Streckenwiderspruch aus Hin- und Rückmessung

I. Ordnung	$D\,[\text{mm}] = 2\sqrt{S}$
II.Ordnung	$D\,[\text{mm}] = 3\sqrt{S}$
III.Ordnung	$D\,[\text{mm}] = 5\sqrt{S}$
IV.Ordnung	$D\,[\text{mm}] = 6\sqrt{S}$

S = Länge einer Niv - Strecke in km

Zulässige Abweichung
aus gemessenem Höhenunterschied und vorgegebenem Höhenunterschied

I. Ordnung	$F\,[\text{mm}] = 2 + 2\sqrt{S}$
II.Ordnung	$F\,[\text{mm}] = 2 + 3\sqrt{S}$
III.Ordnung	$F\,[\text{mm}] = 2 + 5\sqrt{S}$
IV.Ordnung	$F\,[\text{mm}] = 2 + 6\sqrt{S}$

S = Länge einer Niv - Strecke in km

Trigonometrische Höhenbestimmung

Höhenbestimmung über kurze Distanzen (< 250m)

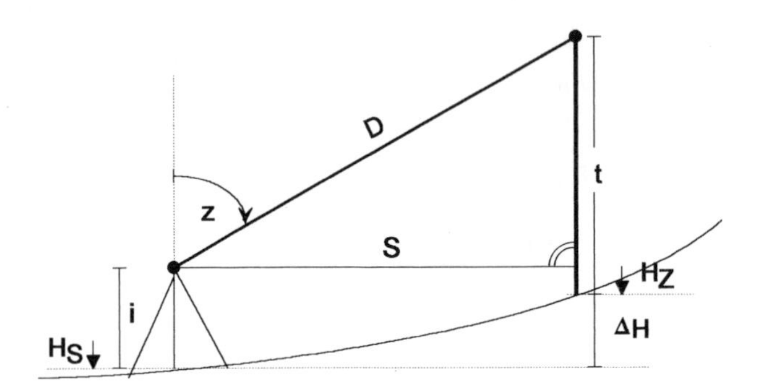

Höhenbestimmung mit Distanz *D*

$$\Delta H = D \cdot \cos z + i - t$$

Höhenbestimmung mit Strecke *S*

$$\Delta H = S \cdot \cot z + i - t$$

Höhenbestimmung des Standpunktes $H_S = H_Z - \Delta H$

Höhenbestimmung des Zielpunktes $H_Z = H_S + \Delta H$

Genauigkeit:

Standardabweichung des Höhenunterschiedes ΔH

$$s_{\Delta H} = \sqrt{(\cot z \cdot s_S)^2 + \left(\frac{S}{\sin^2 z} \cdot \frac{s_z}{\text{rad}}\right)^2 + s_i^2 + s_t^2}$$

s_S = *Standardabweichung der Strecke S*
s_z = *Standardabweichung des Zenitwinkels*
s_i = *Standardabweichung der Instrumentenhöhe*
s_t = *Standardabweichung der Zieltafelhöhe*

Höhenbestimmung über große Distanzen

Einseitige Zenitwinkelmessung

für Strecken < 10 km: $D = S_R$ und $S = S_0$

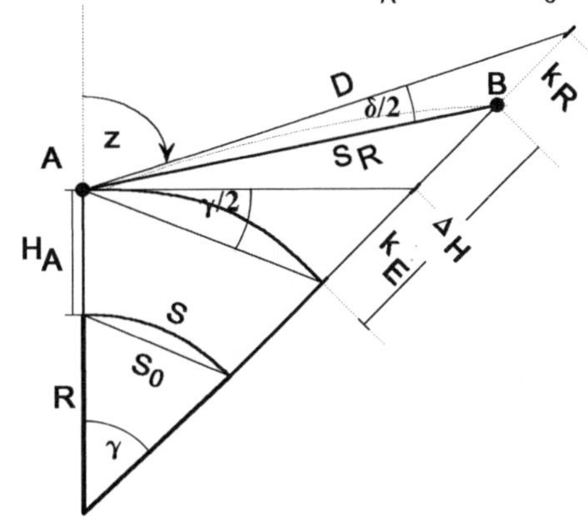

Einfluß der Erdkrümmung

$$k_E \approx \frac{S^2}{2R} \qquad \frac{\gamma}{2} = \frac{S}{2R} \cdot \text{rad}$$

Einfluß der Refraktion

$$k_R \approx -\frac{k \cdot S^2}{2R} \qquad \frac{\delta}{2} = \frac{k \cdot S}{2R} \cdot \text{rad}$$

R = Erdradius 6380 km
k = Refraktionskoeffizient
$k \approx 0{,}13$

Höhenbestimmung mit Distanz D

$$\Delta H = D \cdot \cos z + \frac{D^2}{2R} \cdot (1 - k) + i - t$$

Höhenbestimmung mit Strecke S im Bezugshorizont

$$\Delta H = \left(1 + \frac{H_A}{R}\right) \cdot S \cdot \cot z + \frac{S^2}{2R} \cdot (1 - k) + i - t$$

i = Instrumentenhöhe *t = Zieltafelhöhe*

Genauigkeit:

Standardabweichung des Höhenunterschiedes ΔH

$$s_{\Delta H} = \sqrt{(\cos z \cdot s_D)^2 + \left(D \cdot \sin z \cdot \frac{s_z}{\text{rad}}\right)^2 + \left(\frac{D^2}{2R} \cdot s_z\right)^2 + s_i^2 + s_t^2}$$

s_D = *Standardabweichung der Distanz D*
s_z = *Standardabweichung des Zenitwinkels*
s_i = *Standardabweichung der Instrumentenhöhe*
s_t = *Standardabweichung der Zieltafelhöhe*

Trigonometrische Höhenmessung

Höhenmessung über große Distanzen

Gegenseitig gleichzeitige Zenitwinkelmessung

Bestimmung von ΔH ohne Kenntnis der Refraktion

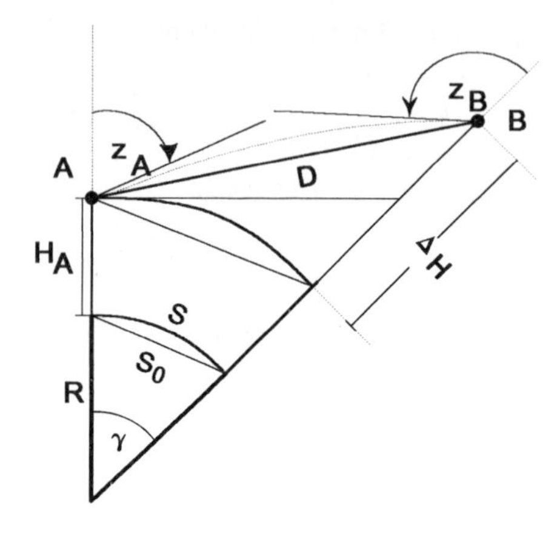

Hinweise für die Beobachtung der Zenitwinkel:

- gleichzeitig beobachten
- bei stabilen Refraktionsverhältnissen (9.00 - 16.00 Uhr)
- bei gleichmäßig durchmischter Luft
- wenn sich Sonne und bedeckter Himmel nicht abwechseln

Höhenbestimmung mit Distanz *D*

$$\Delta H = D \cdot \sin\left(\frac{z_B - z_A}{2}\right) + i - t$$

Höhenbestimmung mit Strecke *S* im Bezugshorizont

$$\Delta H = \left(1 + \frac{H_A}{R}\right) \cdot \frac{S}{2} \cdot (\cot z_A - \cot z_B) + i - t$$

i = Instrumentenhöhe *t = Zieltafelhöhe*

Ermittlung des Refraktionskoeffizienten k

$$k = 1 - \left(\frac{z_A + z_B - 200\text{ gon}}{\text{rad}}\right) \cdot \frac{R}{S}$$

R = Erdradius 6380 km *S = Strecke*

Diese Art der Bestimmung des Refraktionskoeffizienten *k* ist sehr unsicher, da die Meßfehler in den Zenitwinkeln *z* den Refraktionskoeffizienten sehr stark beeinflussen.

Genauigkeit:

Standardabweichung des Refraktionskoeffizienten

$$s_k = \frac{R \cdot \sqrt{2}}{S} \cdot \frac{s_z}{\text{rad}}$$

R = Erdradius 6380 km *S = Strecke*

s_z = *Standardabweichung des Zenitwinkels*

Trigonometrisches Nivellement

$s_r \approx s_V \leq 250m$

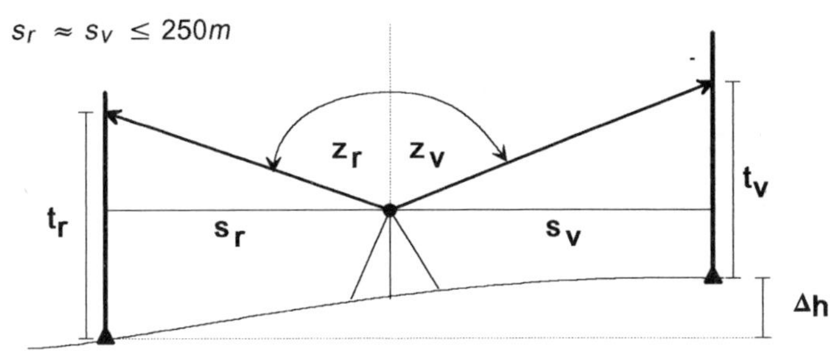

Höhenunterschied

	$\Delta h_{Trig} = Vorblick - Rückblick$
$t_r \neq t_V$	$\Delta h = s_V \cdot \cot z_V - s_r \cdot \cot z_r + (t_r - t_V)$
$t_r = t_V$	$\Delta h = s_V \cdot \cot z_V - s_r \cdot \cot z_r$

Höhenbestimmung einer trigonometrischen Niv - Strecke

$$\Delta H = \Sigma\ \Delta h_i$$

Genauigkeit:

Standardabweichung des Einzelhöhenunterschieds

$$s_{\Delta h_i} = \sqrt{2((\cot z \cdot s_S)^2 + \left(\frac{s}{\sin^2 z} \cdot \frac{s_Z}{\text{rad}}\right)^2 + s_t^2)}$$

$z_r \approx z_V \qquad s_r \approx s_V$

$s_S = s_{s_r} = s_{s_V} =$ *Standardabweichung der Strecken s*
$s_Z = s_{z_r} = s_{z_V} =$ *Standardabweichung der Zenitwinkel*
$s_t = s_{t_r} = s_{t_V} =$ *Standardabweichung der Zieltafelhöhe*

Standardabweichung einer trigonometrischen Niv - Strecke

$$s_{\Delta H} = \sqrt{n \cdot s_{\Delta h}^2}$$

$s_{\Delta h} = s_{\Delta h_1} = s_{\Delta h_2} = ...$

n = Anzahl der Einzelhöhenunterschiede

Turmhöhenbestimmung

Horizontales Hilfsdreieck

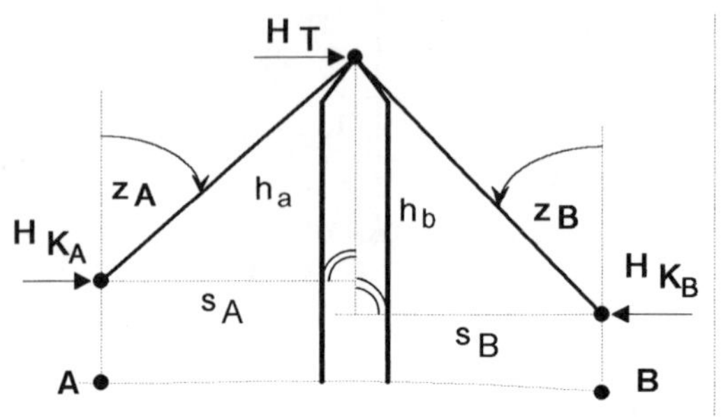

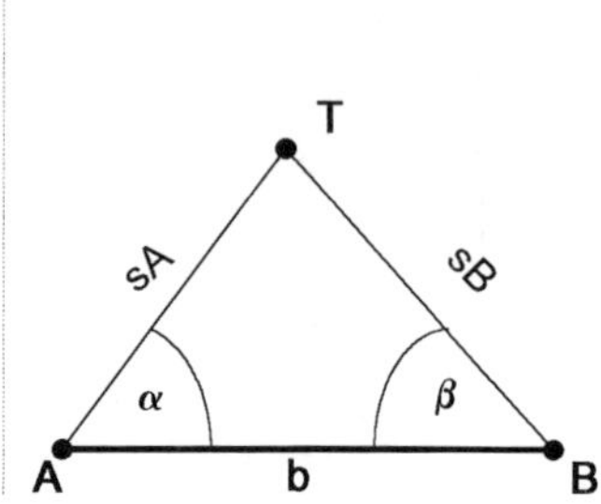

Forderung:

$b = 2h = 2s$ — b auf Millimeter messen
$s = h$
$z \approx 50$ gon — z doppelt so genau wie α,β

$$s_A = b \cdot \frac{\sin\beta}{\sin(\alpha+\beta)}$$

$$\Delta h_A = s_A \cdot \cot z_A$$

$$H_{T_A} = H_{K_A} + \Delta h_A$$

$$s_B = b \cdot \frac{\sin\alpha}{\sin(\alpha+\beta)}$$

$$\Delta h_B = s_B \cdot \cot z_B$$

$$H_{T_B} = H_{K_B} + \Delta h_B$$

$$H_T = \frac{H_{T_A} + H_{T_B}}{2}$$

H_{K_A}, H_{K_B} = *Höhen der Kippachsen*

Genauigkeit:

Standardabweichung der Höhe h

$$s_h = \sqrt{\left(\frac{h}{b}\cdot s_b\right)^2 + \left(\frac{h}{\sqrt{2}}\tan\alpha\cdot\frac{s_\alpha}{\mathrm{rad}}\right)^2 + \left(\frac{\sqrt{2}\cdot h}{\sin 2z_a}\cdot\frac{s_z}{\mathrm{rad}}\right)^2}$$

für $s_a \approx s_b$ und $h_a \approx h_b$ und $z_a \approx z_b$

s_b = *Standardabweichung der Strecken*
s_α = *Standardabweichung des Horizontalwinkels*
s_z = *Standardabweichung des Zenitwinkels*

Trigonometrische Höhenmessung

Turmhöhenbestimmung

Vertikales Hilfsdreieck

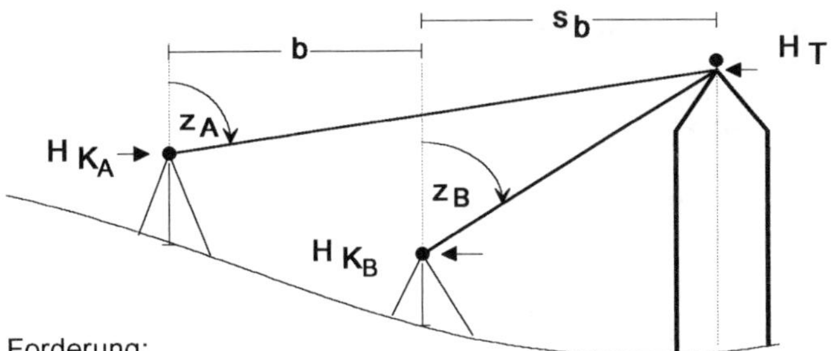

Forderung:

$b \approx 2h \quad \Rightarrow z_A \approx 80$ gon

$s_b \approx h \quad \Rightarrow z_B \approx 50$ gon

z_A doppelt so genau wie z_B

b auf Millimeter messen

$$H_{T_A} = H_{K_A} + (b + s_b) \cdot \cot z_A$$

$$H_{T_B} = H_{K_B} + s_b \cdot \cot z_B$$

$$s_b = \frac{b \cdot \cot z_A + H_{K_A} - H_{K_B}}{\cot z_B - \cot z_A}$$

$$H_T = \frac{H_{T_A} + H_{T_B}}{2}$$

H_{K_A}, H_{K_B} = *Höhen der Kippachsen*

Die schleifenden Schnitte der Zielstrahlen lassen sich vermeiden, wenn der Turm zwischen den Theodolitstandpunkten liegt.
Die Strecke b kann indirekt ermittelt werden oder direkt gemessen werden, wenn im Turm eine Durchfahrt existiert.

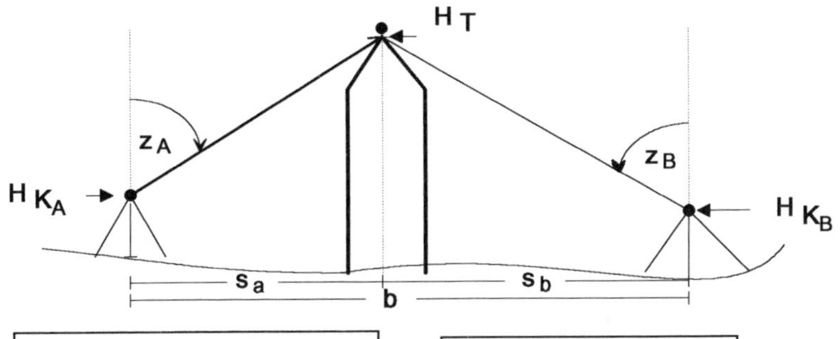

$$s_a = \frac{H_{K_B} - H_{K_A} + b \cdot \cot z_B}{\cot z_A + \cot z_B}$$

$$H_{T_A} = H_{K_A} + s_a \cdot \cot z_A$$

$$s_b = b - s_a$$

$$H_{T_B} = H_{K_B} + s_b \cdot \cot z_B$$

$$H_T = \frac{H_{T_A} + H_{T_B}}{2}$$

H_{K_A}, H_{K_B} = *Höhen der Kippachsen*

Ingenieurvermessung

Absteckung von Geraden

Zwischenpunkt in einer Geraden

Mit unzugänglichen oder gegenseitig nicht sichtbaren Endpunkten

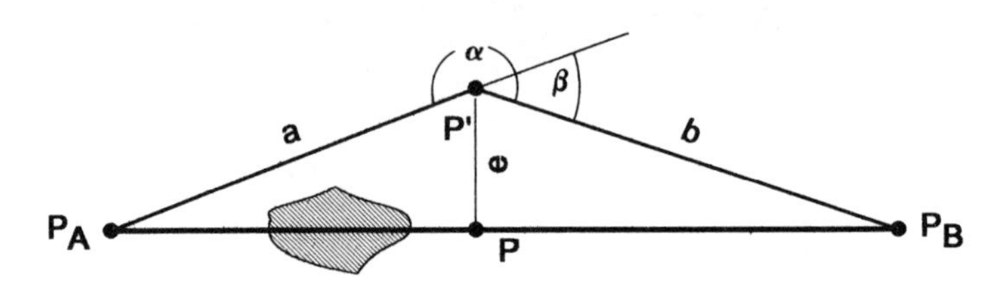

$$e \approx \frac{a \cdot b}{a+b} \cdot \sin\beta = \frac{a \cdot b}{a+b} \cdot \frac{\beta}{\text{rad}}$$

$\beta = \alpha - 200$ gon *a* und *b* Näherungswerte

Bei unbekanntem a und b

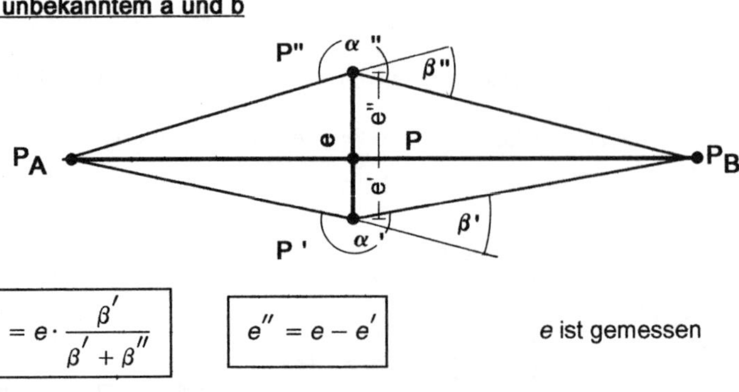

$$e' = e \cdot \frac{\beta'}{\beta' + \beta''}$$

$$e'' = e - e'$$

e ist gemessen

$\beta' = \alpha' - 200$ gon
$\beta'' = \alpha'' - 200$ gon

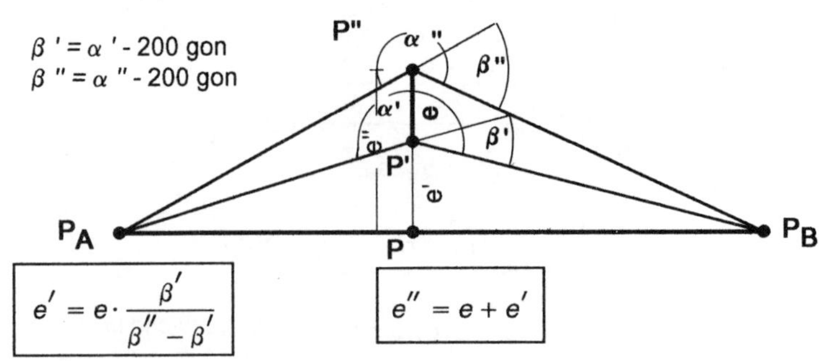

$$e' = e \cdot \frac{\beta'}{\beta'' - \beta'}$$

$$e'' = e + e'$$

Kreisbogenabsteckung

Allgemeine Formeln

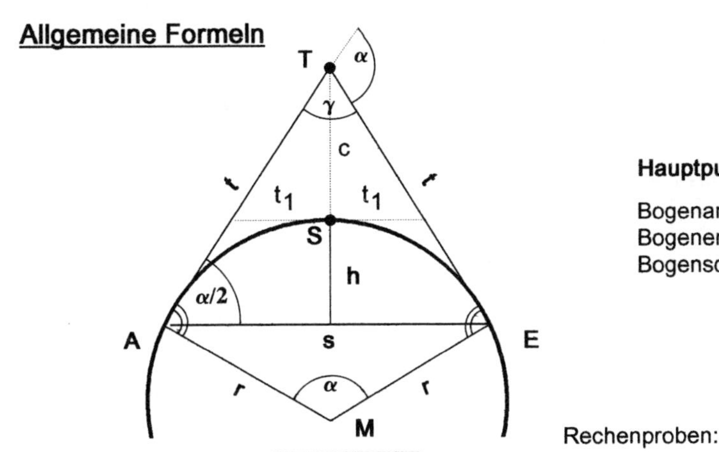

Hauptpunkte:

Bogenanfang A
Bogenende E
Bogenscheitel S

Rechenproben:

Bogenlänge	$b = r \cdot \frac{\alpha}{\text{rad}}$	
Tangente	$t = r \cdot \tan\frac{\alpha}{2}$	
Scheiteltangente	$t_1 = r \cdot \tan\frac{\alpha}{4}$	$\frac{c}{t} = \tan\frac{\alpha}{4}$
Pfeilhöhe	$h = r\left(1 - \cos\frac{\alpha}{2}\right)$	$(c + r) \cdot \sin\frac{\alpha}{2} = t$
Scheitelabstand	$c = r \cdot \tan\frac{\alpha}{2} \cdot \tan\frac{\alpha}{4}$	$h + r \cdot \cos\frac{\alpha}{2} = r$
Sehne	$s = 2r \cdot \sin\frac{\alpha}{2}$	
Zentriwinkel	$\alpha = 200\text{ gon} - \gamma$	
Radius	$r = \frac{s^2}{8h} + \frac{h}{2}$	

Tangentenfläche
(Δ ATE - Kreisabschnitt)

$$F_T = r^2 \cdot \left(\tan\frac{\alpha}{2} - \frac{\alpha}{2\text{ rad}}\right)$$

Kreisausschnitt (Sektor)

$$F = \frac{\alpha \cdot r^2}{2\text{ rad}}$$

Kreisabschnitt (Segment)

$$F = \frac{r^2}{2} \cdot \left(\frac{\alpha}{\text{rad}} - \sin\alpha\right)$$

Bestimmung des Tangentenschnittwinkels γ

Radius und Tangente sind bekannt

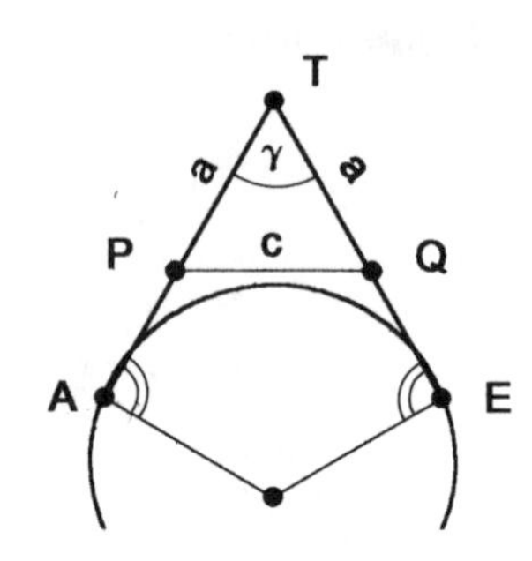

Tangentenschnitt T zugänglich

Winkel γ mit dem Theodolit messen
oder
Winkel γ über das Δ PQT ermitteln

$$\sin\frac{\gamma}{2} = \frac{c}{2a}$$

Tangentenschnitt T nicht zugänglich

1. Bestimmung der Winkel ψ,ϕ :

a) Hilfsgerade b direkt messen und Winkel ψ,ϕ mit dem Theodolit messen

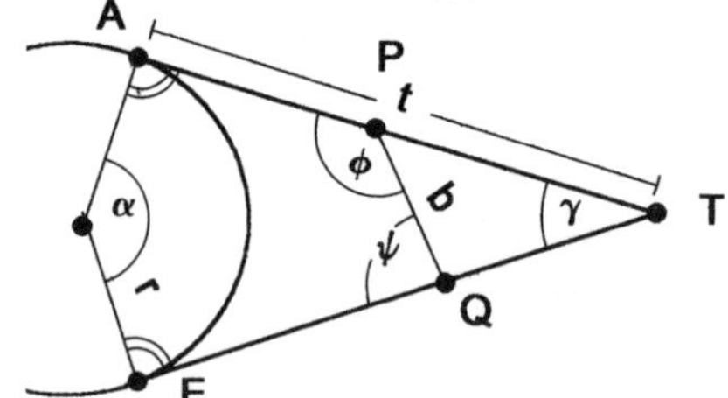

b) Polygonzug von P nach Q messen:

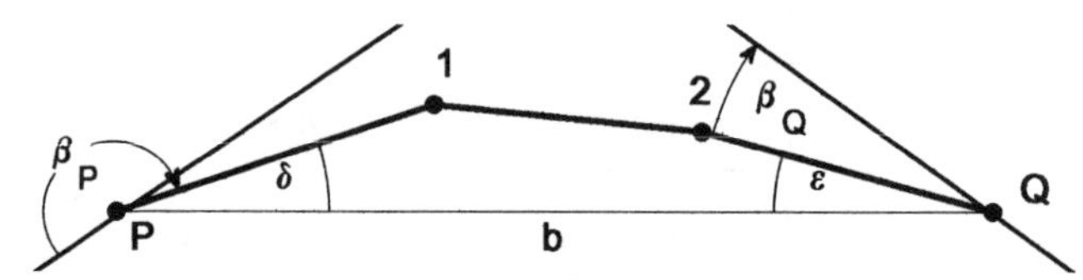

- Brechungswinkel β_i und Strecken s_i messen
- Berechnung des Polygonzuges im örtlichen Koordinatensystem ohne Richtungsan- und -abschluß
- Strecke b und die Winkel δ und ε aus den Koordinaten der Punkte P,1,2,Q berechnen (R - P)

$$\phi = 400 \text{ gon } - \beta_P - \delta$$

$$\psi = 200 \text{ gon } - \beta_Q - \varepsilon$$

2. Berechnung mit Sinussatz

$\gamma = \varphi + \psi - 200 \text{ gon}$

$$\overline{PT} = \sin\psi \cdot \frac{b}{\sin\gamma}$$

$$\overline{QT} = \sin\phi \cdot \frac{b}{\sin\gamma}$$

$$\overline{AP} = t - \overline{PT}$$

$$\overline{EQ} = t - \overline{QT}$$

t = Tangentenlänge

Kreisbogen durch einen Zwangspunkt P

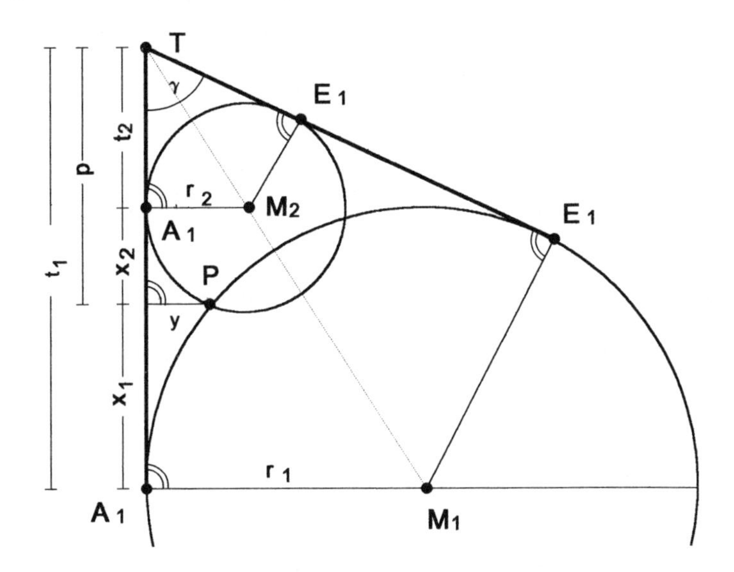

1. Beide Tangentenrichtungen bekannt

Zwei Lösungen möglich

$$x_{1/2} = y \cdot \tan\frac{\gamma}{2} \pm \sqrt{\left(y \cdot \tan\frac{\gamma}{2}\right)^2 + 2p \cdot \left(y \cdot \tan\frac{\gamma}{2}\right) - y^2}$$

Ordinate *y* und Abszisse *p* gemessen

Tangente $t_{1/2} = p + x_{1/2}$

Radius $r_{1/2} = t_{1/2} \cdot \tan\frac{\gamma}{2}$

Probe: $x^2 + y^2 = 2ry$

2. Eine Tangentenrichtung und der Radius bekannt

$$x_{1/2} = \sqrt{r^2 - (r-y)^2}$$

Tangente $t_{1/2} = p + x_{1/2}$

Ordinate *y* und Abszisse *p* gemessen

Absteckung von Kreisbogenkleinpunkten

Orthogonale Absteckung von der Tangente

1. mit gleichen Abszissenunterschieden Δx

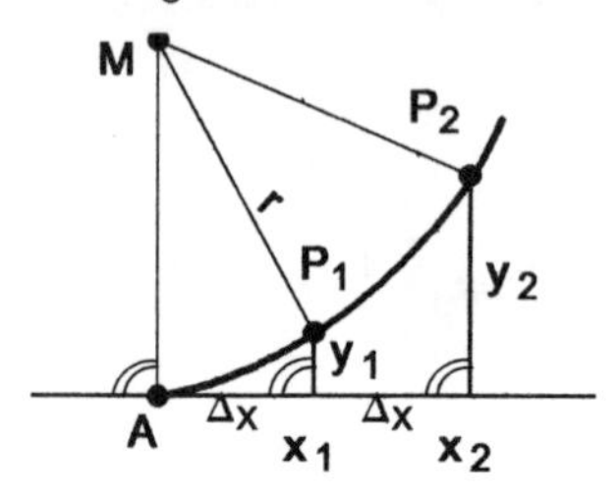

$x_i = n \cdot \Delta x$ *n = Anzahl der* Δx

$$y_i = r - \sqrt{r^2 - x_i^2}$$

Näherungsformel $y_i \approx \frac{x_i^2}{2r}$

2. mit gleichen Bogenlängen Δb

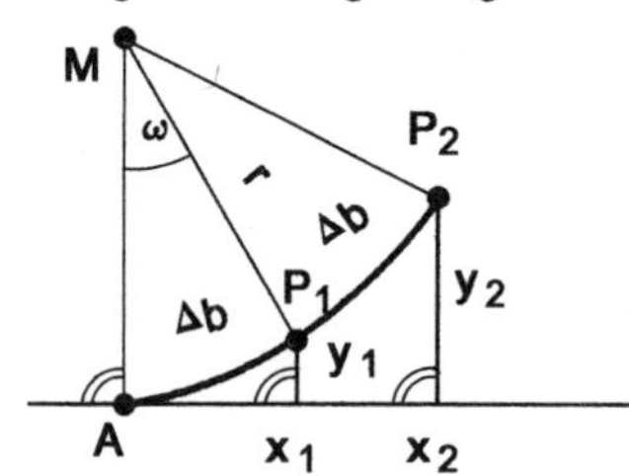

$\omega = \frac{\Delta b}{r} \cdot \text{rad}$

$\omega_i = n \cdot \omega$ *n = Anzahl der* Δb

$$x_i = r \cdot \sin \omega_i$$
$$y_i = r - r \cdot \cos \omega_i$$

Orthogonale Absteckung von der Sehne

1. bei Vorgabe von Abszissen x_i

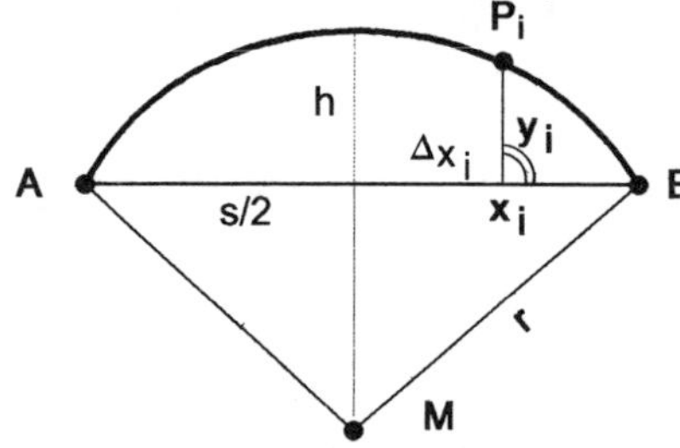

$\Delta x_i = x_i - \frac{s}{2}$

$h = r - \sqrt{r^2 - \frac{s^2}{4}}$

$$y_i = \sqrt{r^2 - \Delta x_i^2} - \sqrt{r^2 - \frac{s^2}{4}}$$

2. bei Vorgabe der Bogenlänge b_i

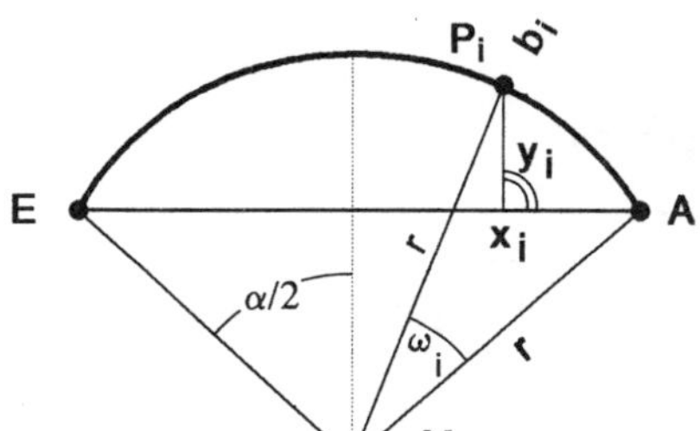

$\omega_i = \frac{b_i}{r} \cdot \text{rad}$

$$y_i = -r \cdot \left[\cos\left[\omega_i - \frac{\alpha}{2}\right] - \cos\frac{\alpha}{2}\right]$$
$$x_i = r \cdot \left[\sin\left[\omega_i - \frac{\alpha}{2}\right] + \sin\frac{\alpha}{2}\right]$$

Absteckung von Kreisbogenkleinpunkten

Absteckung nach der Sehnen - Tangenten - Methode

Polare Kreisbogenabsteckung durch Angabe der Richtungen r_i vom Standpunkt E und Messen der aufeinanderfolgenden Sehnen.
Es soll immer von A nach E abgesteckt werden.

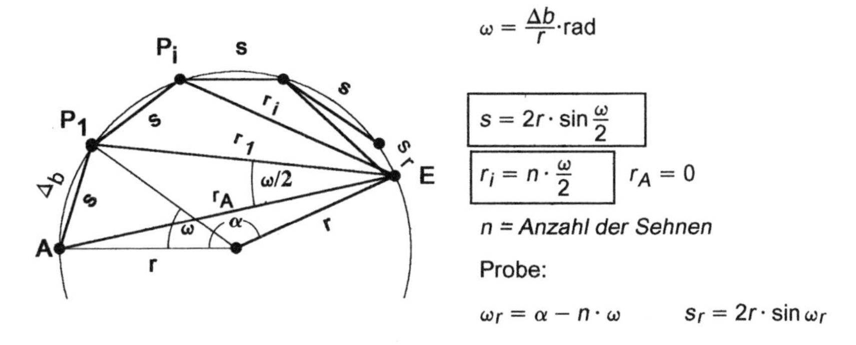

Absteckung mit Hilfe eines Sehnenpolygons

Fortlaufende Kreisbogenabsteckung im Trassenverlauf mit polaren Absteckelementen

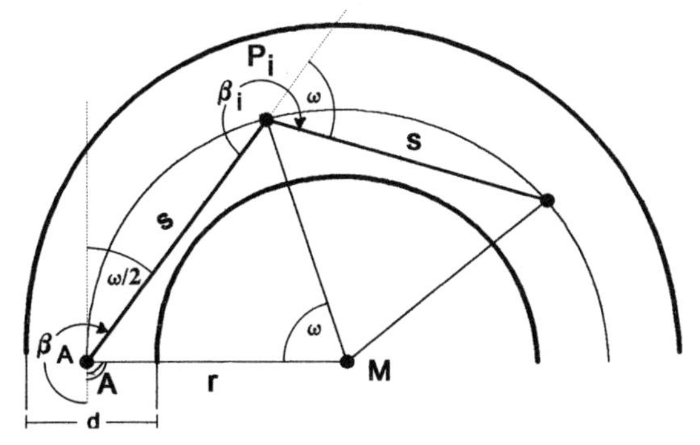

Die größte absteckbare Sehnenlänge:

$$s_{max} = 2 \cdot \sqrt{r^2 - (r-d)^2} \approx \sqrt{4 \cdot d \cdot r}$$

d = *Stollenbreite*

$$\omega = 2 \cdot \arcsin\frac{s}{2r}$$

$$\beta_A = 200\ \text{gon} + \frac{\omega}{2} \qquad \beta_i = 200\ \text{gon} + \omega$$

Wegen der fortgesetzten Verlängerung des Polygonzuges ohne Richtungs- und Koordinatenabschluß ergibt sich mit wachsender Punktzahl eine schnell anwachsende Lageunsicherheit.

Näherungsverfahren

Genähertes Absetzen von der Tangente

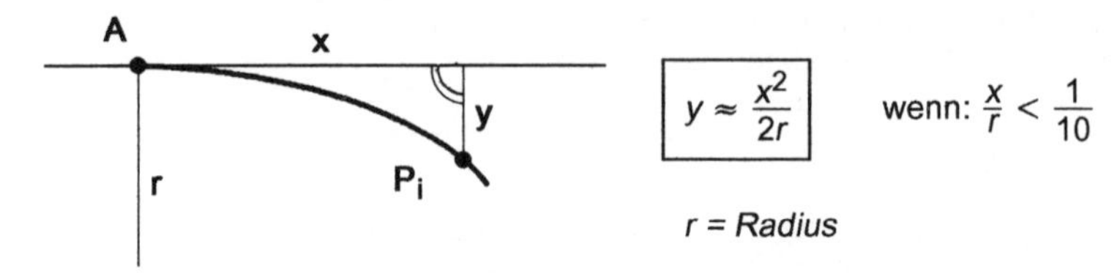

$$y \approx \frac{x^2}{2r}$$ wenn: $\frac{x}{r} < \frac{1}{10}$

r = Radius

Genähertes Absetzen von der Sekante

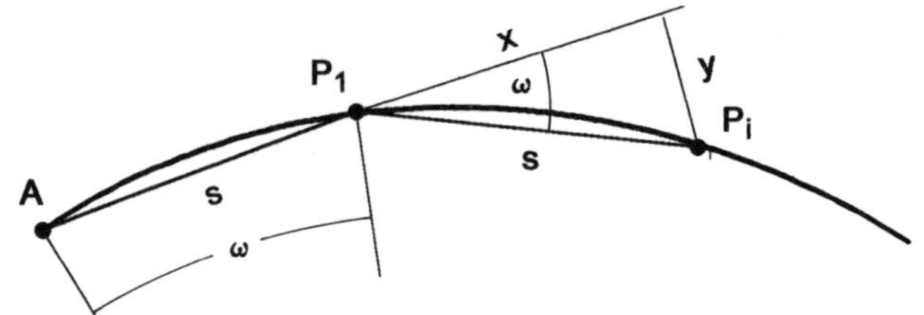

Streng:

$x = s \cdot \cos\omega$ $\quad y = s \cdot \sin\omega$ $\quad \sin\frac{\omega}{2} = \frac{s}{2r}$ $\quad$ *r = Radius*

Genähert: $\cos\frac{\omega}{2} \approx \cos\omega \approx 1$

$$x \approx s$$ $$y \approx \frac{s^2}{r}$$

Viertelmethode

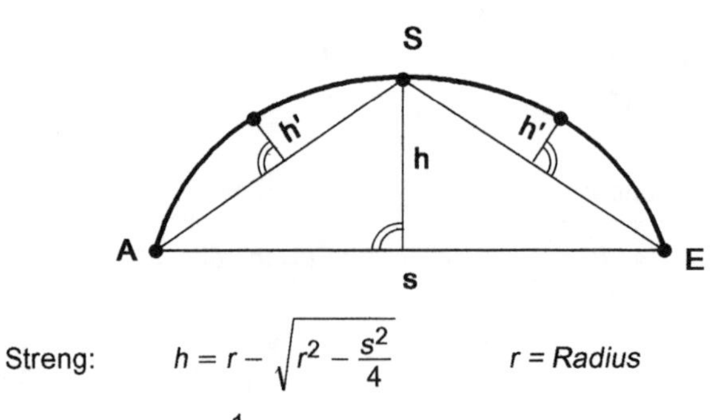

Streng: $h = r - \sqrt{r^2 - \frac{s^2}{4}}$ $\quad$ *r = Radius*

Genähert: $s < \frac{1}{5}r$

$$h' \approx \frac{1}{4} \cdot h$$

Kreisbogenabsteckung

Näherungsverfahren

Einrückmethode

für Zwischenpunkte zwischen zwei Bogenpunkten bei flachen Bögen $x \approx b$

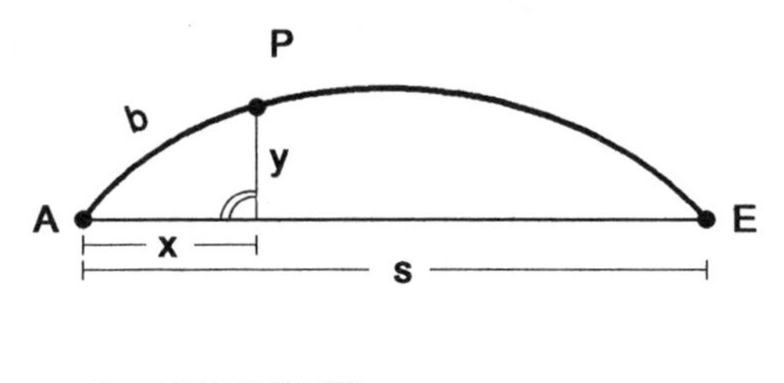

$$y \approx \frac{x(s-x)}{2r}$$

r = *Radius*

Kontrollen der Kreisbogenabsteckung

Pfeilhöhenmessung

am Bogenanfang

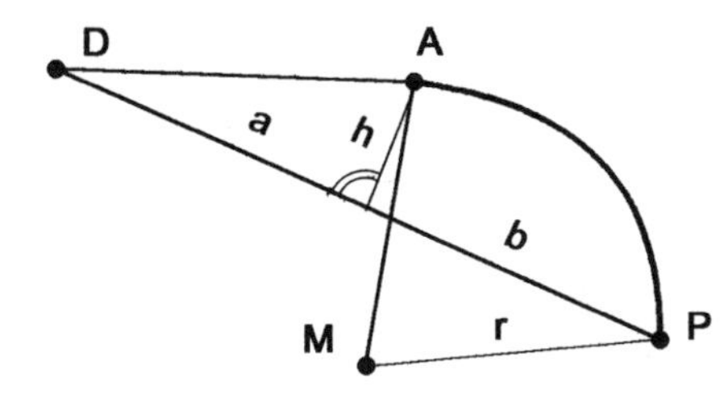

$$h = \frac{a \cdot b^2}{2r \cdot (a+b)}$$

r = *Radius*

im Kreisabschnitt

für gleiche Bogenlängen / bei gleichen Sehnen

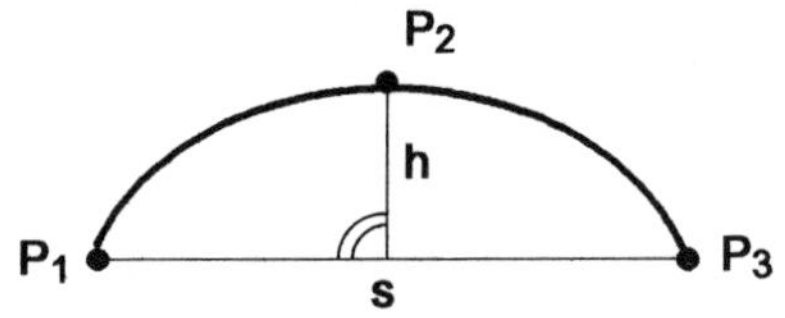

$$h \approx \frac{s^2}{2r}$$

r = *Radius*

für ungleiche Bogenlängen

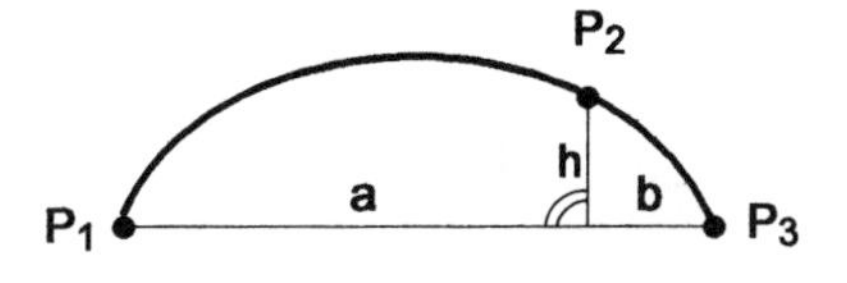

$$h \approx \frac{a \cdot b}{2r}$$

r = *Radius*

Korbbogen

Dreiteiliger Korbbogen

Der dreiteilige Korbbogen wird bei Straßeneinmündungen angewendet. Nach den" Richtlinien für die Anlage von Landstraßen, Teil III: Knotenpunkte (RAL-K)" verhalten sich die Radien wie folgt: $r_1 : r_2 : r_3 = 2 : 1 : 3$

Die Zentriwinkel der Kreisbögen sind $\alpha_1 = 17{,}5$ gon , $\alpha_3 = 22{,}5$ gon

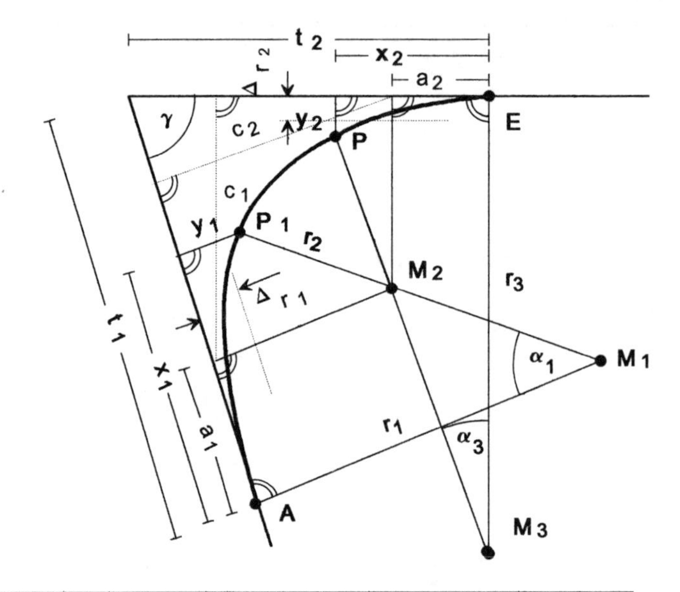

$y_1 = r_1 \cdot (1 - \cos\alpha_1)$	$x_1 = r_1 \cdot \sin\alpha_1$

$y_2 = r_3 \cdot (1 - \cos\alpha_3)$	$x_2 = r_3 \cdot \sin\alpha_3$

$\Delta r_1 = y_1 - r_2 \cdot (1 - \cos\alpha_1)$ $\qquad$ $\Delta r_2 = y_2 - r_2 \cdot (1 - \cos\alpha_3)$

$a_1 = x_1 - r_2 \cdot \sin\alpha_1$ $\qquad$ $a_2 = x_2 - r_2 \cdot \sin\alpha_3$

$c_1 = (r_2 + \Delta r_2) + (r_2 + \Delta r_1) \cdot \cos\gamma$ $\qquad$ $c_2 = (r_2 + \Delta r_1) + (r_2 + \Delta r_2) \cdot \cos\gamma$

$t_1 = a_1 + \dfrac{c_1}{\sin\gamma}$	$t_2 = a_2 + \dfrac{c_2}{\sin\gamma}$

Klotoide

Definition

Die Klotoide ist eine Kurve, deren Krümmung *k* stetig mit der Bogenlänge wächst.

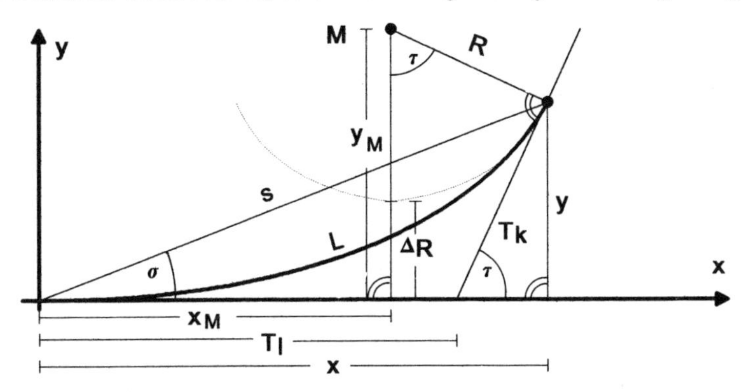

Krümmung $$k = \frac{1}{R} = \frac{L}{A^2}$$

Grundformel $$A^2 = L \cdot R$$

Grundgleichungen zwischen den Bestimmungsstücken

Parameter A $$A = \sqrt{L \cdot R} = \frac{L}{\sqrt{2\tau}} = R \cdot \sqrt{2\tau}$$

Radius $$R = \frac{A^2}{L} = \frac{L}{2\tau} = \frac{A}{\sqrt{2\tau}}$$

Bogenlänge $$L = \frac{A^2}{R} = 2\tau \cdot R = A \cdot \sqrt{2\tau}$$

Tangentenwinkel $$\tau = \frac{L}{2R} = \frac{L^2}{2A^2} = \frac{A^2}{2R^2}$$

Einheitsklotoide

Alle Klotoiden sind einander ähnlich.
Aus der Einheitsklotoide mit dem Parameter *a = 1* lassen sich die Elemente anderer Klotoiden mit dem Parameter A als Vergrößerungsfaktor berechnen:

$R = r \cdot A$ $$L = l \cdot A$$

Klotoide

Bestimmungsstücke der Einheitsklotoide

Koordinaten eines Klotoidenpunktes

$$y = \sqrt{2\tau} \cdot \sum_{n=1}^{\infty} (-1)^{n+1} \cdot \frac{\tau^{2n-1}}{(4n-1)(2n-1)!}$$

$$x = \sqrt{2\tau} \cdot \sum_{n=1}^{\infty} (-1)^{n+1} \cdot \frac{\tau^{2n-2}}{(4n-3)(2n-2)!}$$

Näherungsformeln für $0 \leq l \leq 1$ und sechsstellige Genauigkeit:

$$y = \left[\left(42410^{-1} \cdot l^4 - 336^{-1} \right) \cdot l^4 + 6^{-1} \right] \cdot l^3$$

$$x = \left[\left(3474{,}1^{-1} \cdot l^4 - 40^{-1} \right) \cdot l^4 + 1 \right] \cdot l$$

Koordinaten des Krümmungsmittelpunktes

$$y_M = y + r \cdot \cos\tau$$

$$x_M = x - r \cdot \sin\tau$$

Tangentenabrückung $\Delta r = y_M - r = y + r \cdot \cos\tau - r$

lange Tangente $t_l = x - y \cdot \cot\tau$

kurze Tangente $t_k = \frac{y}{\sin\tau}$

Klotoidensehne $s = \sqrt{x^2 + y^2}$

Richtungswinkel $\sigma = \arctan\frac{y}{x}$

Längenunterschied zwischen Klotoidenbogen und Klotoidensehne

$$B - S = \frac{B^3}{24R^2}$$

B = *Klotoidenbogenlänge*
S = *Klotoidensehne*
R = *Radius*

Verbundkurve Klotoide - Kreisbogen - Klotoide

Symmetrisch

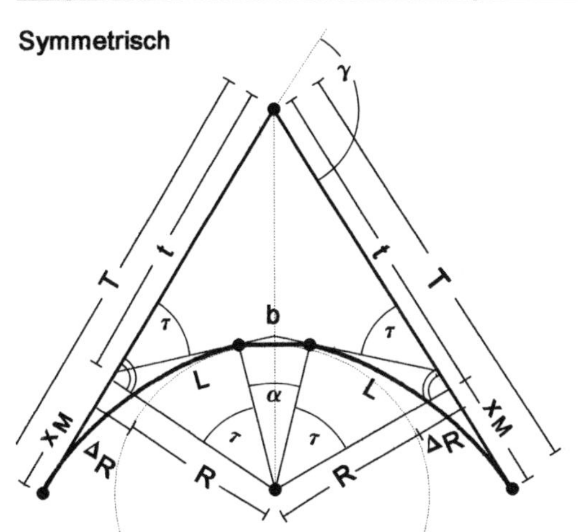

$$\alpha = \gamma - 2\tau$$

$$t = (R + \Delta R) \cdot \tan\frac{\gamma}{2}$$

$$T = t + X_M$$

$$b = \frac{R \cdot \alpha}{\text{rad}}$$

Gesamtbogenlänge: $B = b + 2\,L$

Unsymmetrisch

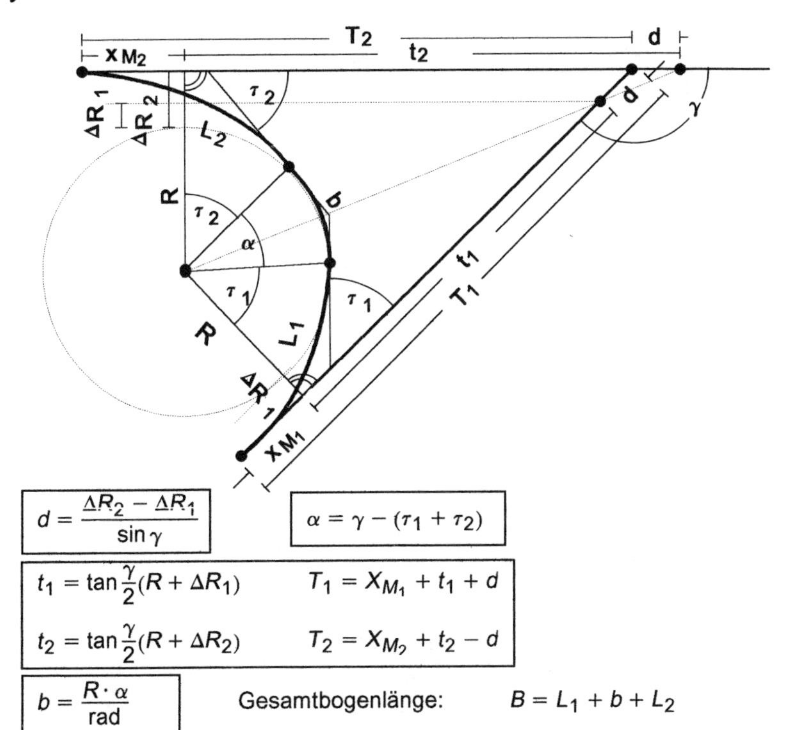

$$d = \frac{\Delta R_2 - \Delta R_1}{\sin\gamma}$$

$$\alpha = \gamma - (\tau_1 + \tau_2)$$

$$t_1 = \tan\frac{\gamma}{2}(R + \Delta R_1) \qquad T_1 = X_{M_1} + t_1 + d$$

$$t_2 = \tan\frac{\gamma}{2}(R + \Delta R_2) \qquad T_2 = X_{M_2} + t_2 - d$$

$$b = \frac{R \cdot \alpha}{\text{rad}}$$

Gesamtbogenlänge: $B = L_1 + b + L_2$

Gradiente

Längsneigung

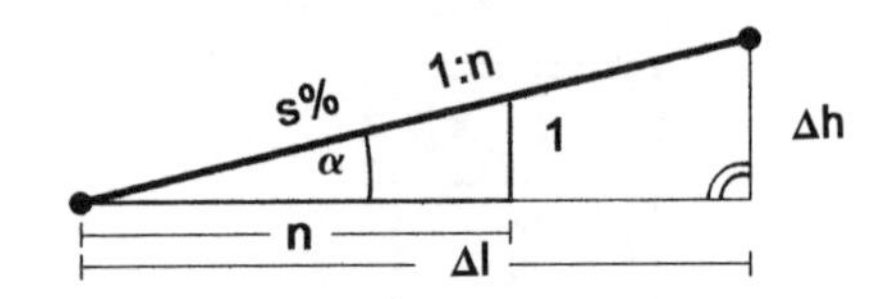

$$s(\%) = \frac{\Delta h}{\Delta l} \cdot 100 = 100 \cdot \tan\alpha$$

$$\tan\alpha = \frac{1}{n} = \frac{\Delta h}{\Delta l} = \frac{s}{100}$$

Schnittpunktberechnung zweier Gradienten

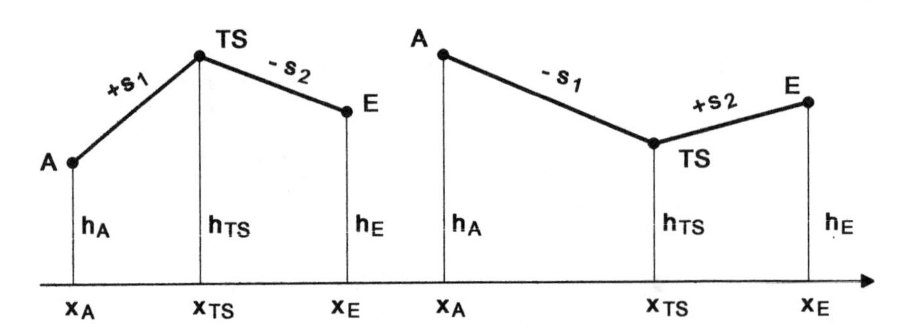

$$x_{TS} = \frac{(x_E - x_A) \cdot \frac{s_2}{100} - (h_E - h_A)}{\frac{s_2 - s_1}{100}}$$

$$h_{TS} = h_A + \frac{s_1}{100} \cdot (x_{TS} - x_A)$$

$s_1, s_2[\%]$ = Längsneigung : + Steigung , - Gefälle

Kuppen- und Wannenausrundung

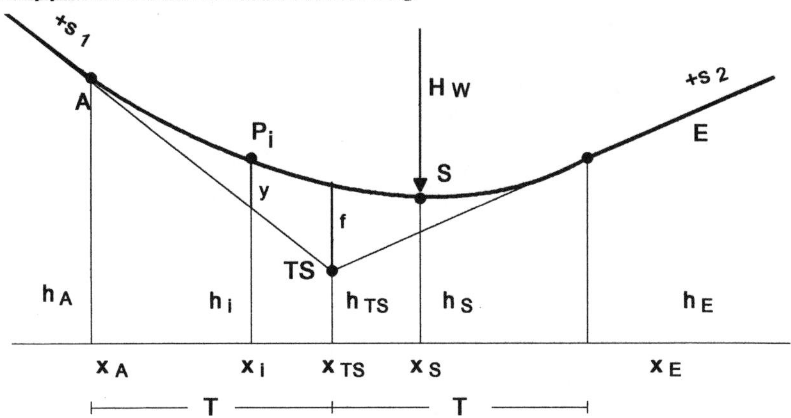

TS = Tangentenschnittpunkt
A = Ausrundungsanfang E = Ausrundungsende
S = Scheitelpunkt

Tangentenlänge
$$T = \frac{H_{W,K}}{100} \cdot \left(\frac{s_2 - s_1}{2} \right)$$

Bogenstich
$$f = \frac{T^2}{2H_{W,K}}$$

Scheitelpunkt
$$x_S = -\frac{s_1 \cdot H_{W,K}}{100}$$
$$h_S = h_A + \frac{(x_S - x_A)}{2H_{W,K}}$$

Scheitelpunkt vorhanden, wenn: $\frac{s_2}{s_1} < 0$

Ordinate y an der Stelle x_i
$$y = \frac{x_i^2}{2H_{W,K}}$$

Höhe der Gradientenkleinpunkte x_i
$$h_i = h_S + \frac{(x_S - x_i)}{2H_{W,K}} = h_A + \frac{s_1}{100} \cdot (x_i - x_A) + \frac{(x_i - x_A)}{2H_{W,K}}$$

$+H_W$ = *Halbmesser Wanne* $-H_K$ = *Halbmesser Kuppe*
$s_1, s_2[\%]$ = *Längsneigung : + Steigung , - Gefälle*

Erdmassenberechnung

Massenberechnung aus Querprofilen

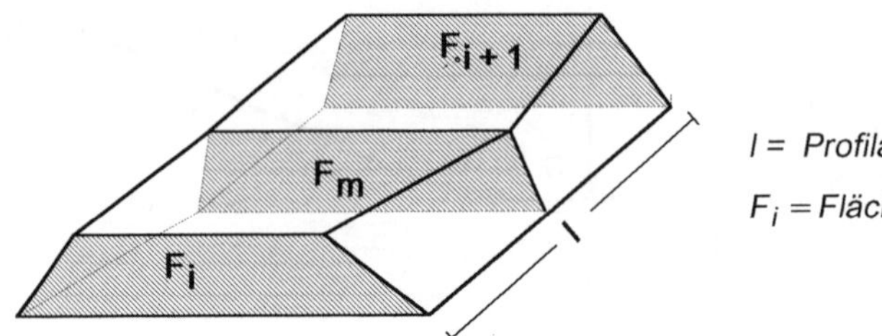

l = Profilabstand

F_i = Fläche der Querprofile

Prismatoidenformel

$$V = \frac{1}{6}(F_i + 4F_m + F_{i+1}) \cdot l$$

F_m nicht bekannt: $F_m = \left(\frac{\sqrt{F_i} + \sqrt{F_{i+1}}}{2}\right)^2$

Pyramidenstumpfformel

$$V = \frac{1}{3}\left[F_i + \sqrt{F_i \cdot F_{i+1}} + F_{i+1}\right] \cdot l$$

Näherungsformel

$$\overline{V} \approx \frac{1}{2}(F_i + F_{i+1}) \cdot l$$

Mit der Näherungsformel wird das Volumen stets zu groß erhalten.

Guldinsche Regel

V = Querschnittsfläche * Weg des Schwerpunktes

$$V = \frac{1}{2}(F_i + F_{i+1}) \cdot \overline{l} \cdot k_m$$

$\overline{l}$ = Profilabstand in der Achse

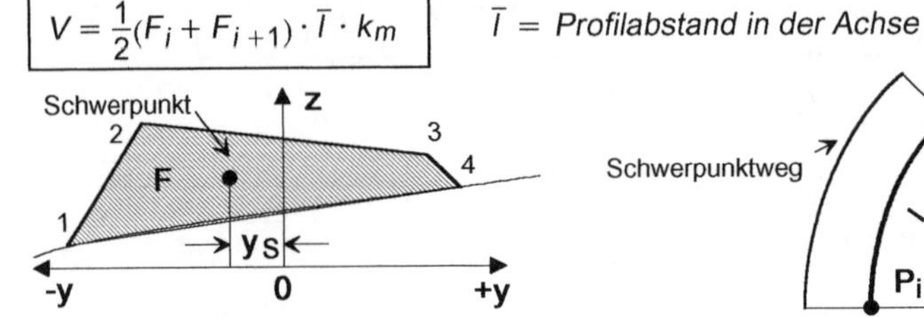

Verbesserungsfaktor

$$k_m = \frac{1}{2} \cdot (k_i + k_{i+1}) \qquad k_i = \frac{R_i - y_{S_i}}{R_i} \qquad k_{i+1} = \frac{R_{i+1} - y_{S_{i+1}}}{R_{i+1}}$$

R = Radius

Schwerpunktsabstand von der Achse

$$y_S = \frac{1}{6} \cdot F \sum_{i=1}^{n} \left[y_i^2 + y_i \cdot y_{i+1} + y_{i+1}^2\right] \cdot (z_i - z_{i+1})$$

F = Querschnittsfläche

Massenberechnung aus Querprofilen

Komplexe Berechnung von Massen aus Querprofilen

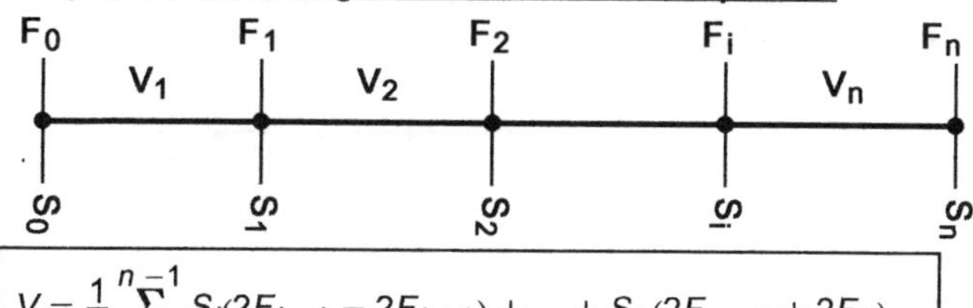

$$V = \frac{1}{4} \sum_{i=1}^{n-1} S_i(2F_{i-1} - 2F_{i+1}) + \ldots + S_n(2F_{n-1} + 2F_n)$$

S_i = *Stationierung, wobei* $S_0 = 0$
F_i = *Fläche der Querprofile*
n = Anzahl der Querprofile

Massenberechnung aus Höhenlinien

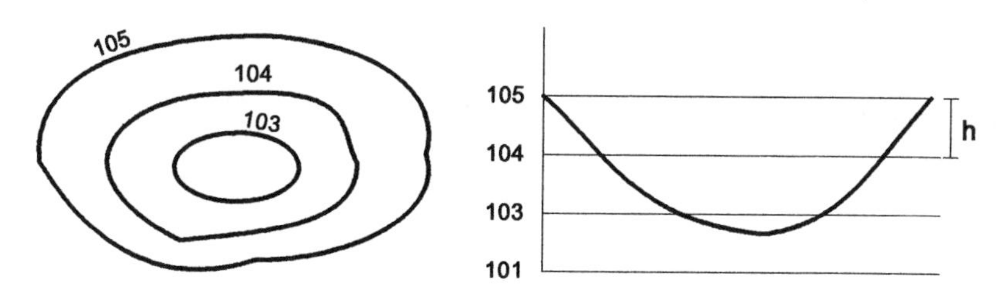

$$V = \frac{h}{3}(F_1 + F_n + 4(F_2 + F_4 + \ldots) + 2(F_3 + F_5 + \ldots))$$

ungerade Flächenanzahl notwendig;

sind nur zwei Flächen vorhanden: $F_2 = \left[\frac{\sqrt{F_1} + \sqrt{F_n}}{2} \right]^2$

h = Abstand zwischen zwei Höhenlinien (Schichthöhe)
F_i = *Schichtfläche*

Näherungsformel

$$V = \frac{h}{2} \cdot (F_1 + F_n + 2(F_2 + F_3 + \ldots + F_{n-1}))$$

Dreiachtel - Regel für 4 Flächen

$$V = \frac{3}{8} \cdot h \cdot (F_1 + 3F_2 + 3F_3 + F_4)$$

Regel für 7 Flächen nach Weddle

$$V = \frac{3}{10} \cdot h \cdot \left[F_1 + 5F_2 + F_3 + 6F_4 + F_5 + 5F_6 + F_7 \right]$$

Massenberechnung aus Prismen

Massenberechnung aus Dreiecksprismen

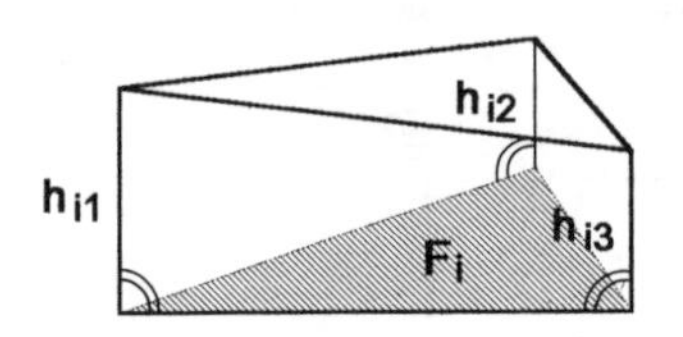

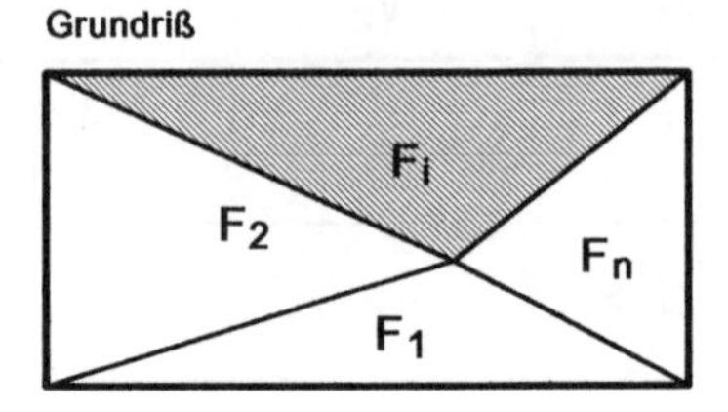

$$h_i = \frac{h_{i1} + h_{i2} + h_{i3}}{3}$$

$$V = \sum_{i=1}^{n} F_i \cdot h_i$$

F_i = Fläche der Dreiecke
n = Anzahl der Dreiecke

Massenberechnung aus Viereckprismen

Rostrechtecke oder Rostquadrate

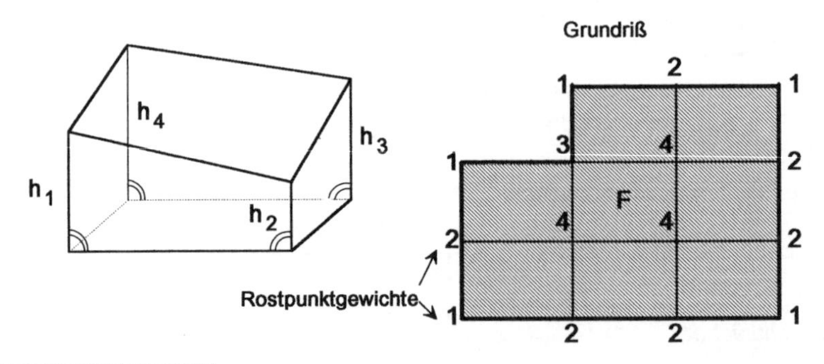

$$h_m = \frac{\sum_{i=1}^{n} (g_i \cdot h_i)}{4 \cdot n}$$

$$V = F \cdot h_m$$

g_i = *Rostpunktgewichte*
Gewicht 1 Eckpunkte
Gewicht 2 Randpunkte
Gewicht 3 Randinneneckpunkte
Gewicht 4 Innenpunkte

h_i = *Rostpunkthöhen*

F = Fläche der Rostrechtecke oder -quadrate
n = Anzahl der Quadrate oder Rechtecke

Massenberechnung einer Rampe

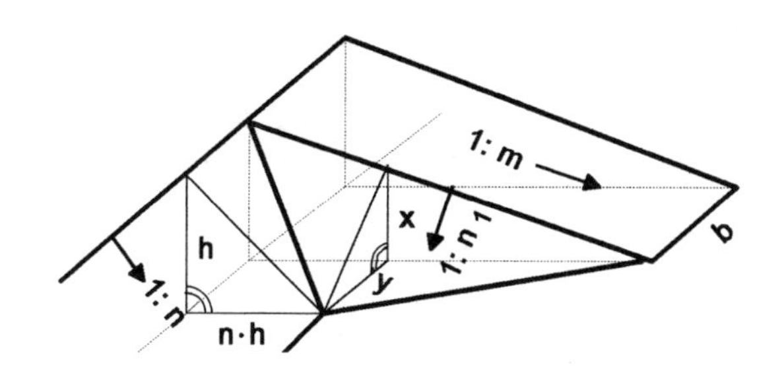

$$V = \frac{h^2}{6}(m-n)\left[2h \cdot n_1\left(1-\frac{n}{m}\right) + 3b\right]$$

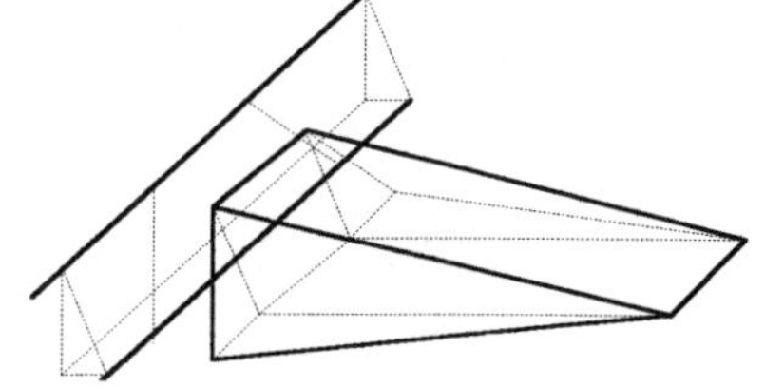

$$V = \frac{h^2}{6} \cdot m\left[2h \cdot n_1\left(1-\frac{n}{m}\right) + 3b\right]$$

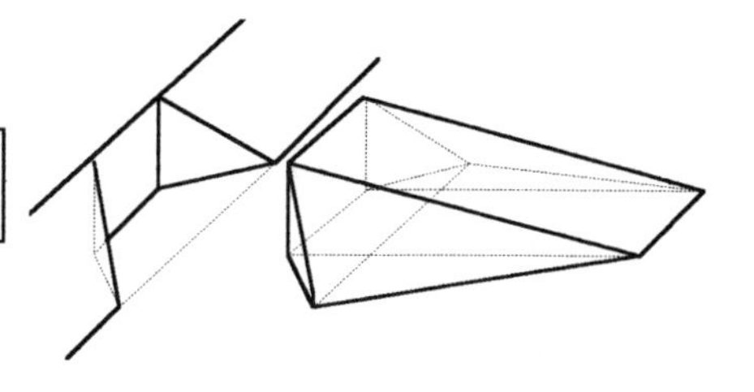

Massenberechnung sonstiger Figuren

Dreiseitprisma

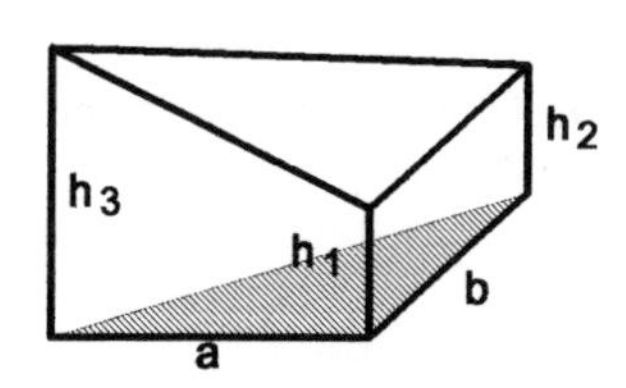

$$V = \frac{a \cdot b}{2} \cdot \frac{1}{3}(h_1 + h_2 + h_3)$$

Vierseitprisma

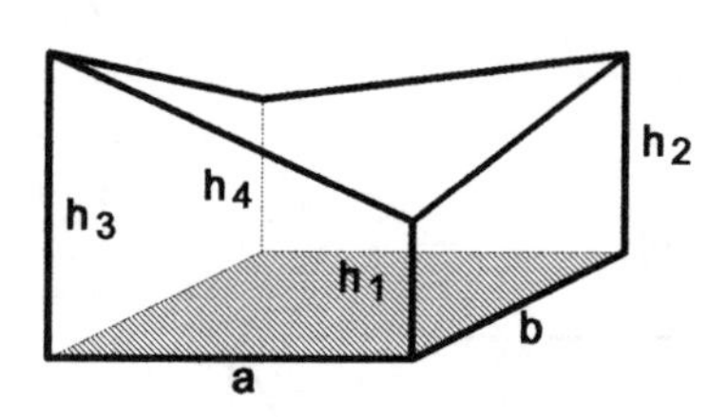

$$V = a \cdot b \cdot \frac{1}{4}(h_1 + h_2 + h_3 + h_4)$$

Erdmassenberechnung

Massenberechnung sonstiger Figuren

Pyramide

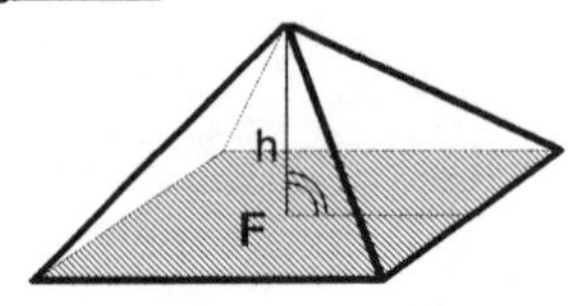

$$V = \frac{1}{3} F \cdot h$$

Pyramidenstumpf

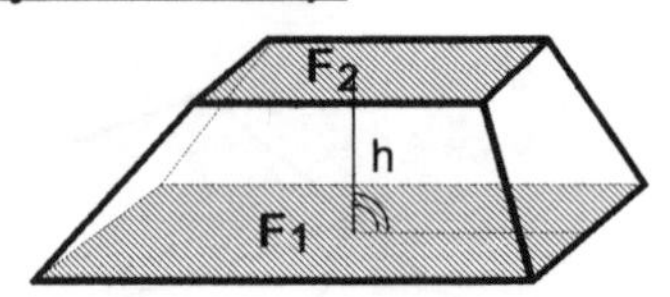

$$V = \frac{h}{3}\left[F_1 + F_2 + \sqrt{F_1 \cdot F_2} \right]$$

Kegel

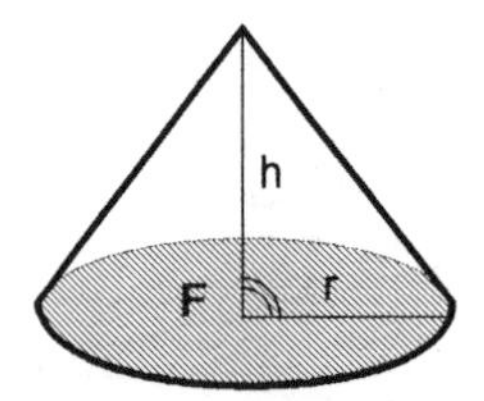

$$V = \frac{1}{3} F \cdot h = \frac{\pi}{3} \cdot r^2 \cdot h$$

Kegelstumpf

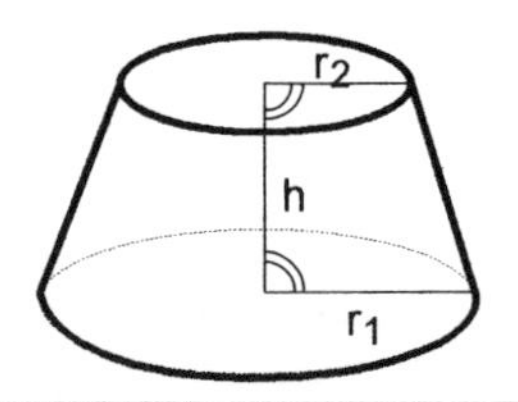

$$V = \frac{\pi}{3} \cdot h \left[r_1^2 + r_2^2 + r_1 \cdot r_2 \right]$$

Zylinder

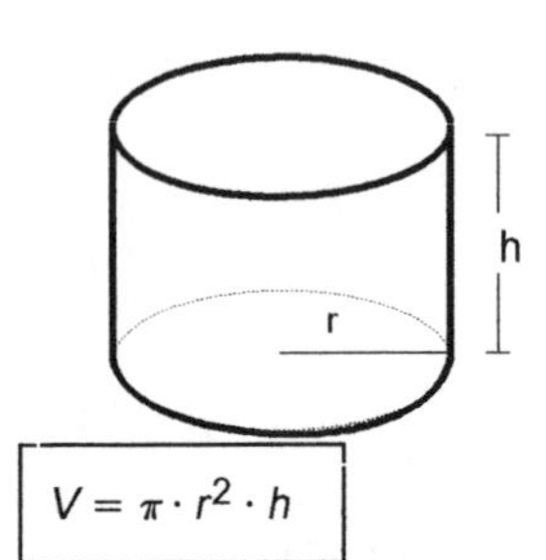

$$V = \pi \cdot r^2 \cdot h$$

Obelisk

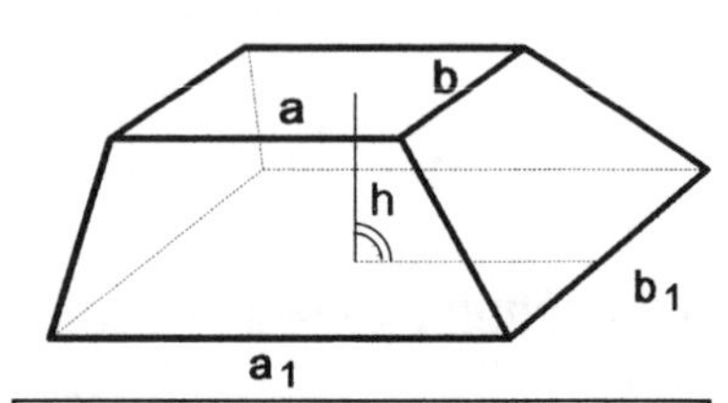

$$V = \frac{h}{6}[(2a_1 + a)b_1 + (2a + a_1)b]$$

Grund- und Deckfläche sind im Abstand h parallel zueinander

Schiefer Keil

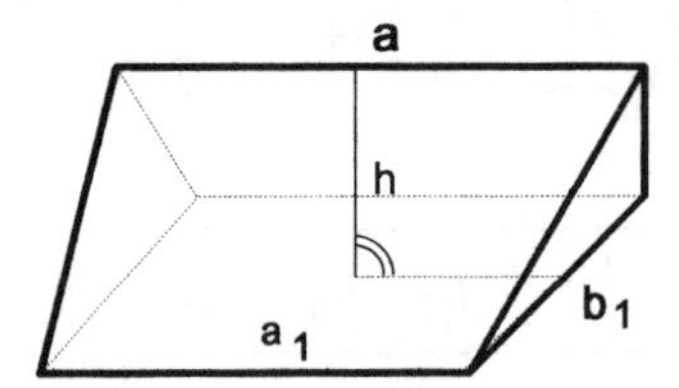

$$V = \frac{h}{6}(2a_1 + a)b_1$$

Ausgleichungsrechnung

Ausgleichung nach vermittelnden Beobachtungen - Allgemein

Aufstellen von Verbesserungsgleichungen

ursprüngliche Verbesserungsgleichung

Beobachtung +	Verbesserung =	Funktion der Unbekannten;	Gewicht
l_i +	v_i =	$f_i(x_1, x_2, ..., x_n)$	p

umgestellte Verbesserungsgleichung

$$v_i = f_i(x_1, x_2, ..., x_n) - l'_i = a_{i1} \cdot x_1 + a_{i2} \cdot x_2 + ... + a_{in} \cdot x_n - l'_i$$

bei linearen Funktionen
Absolutglied $l'_i = l_i$

bei nicht linearen Funktionen
wird mit Hilfe der TAYLORschen Reihe die Gleichung linearisiert
dazu werden Näherungswerte x_{01} eingeführt
$x_i = x_{0i} + \Delta x_i$
wobei Δx_i durch eine differentielle Größe dx_i ersetzt werden kann
$x_i = x_{0i} + dx_i$

$$f_i(x_i) = f_i(x_{0i} + dx_i) = f_i(x_{0i}) + \frac{\partial f_i(x_{0i})}{\partial x_{0i}} \cdot dx_i$$

Koeffizienten (partielle Ableitungen) $a_{ii} = \dfrac{\partial f_i(x_{0i})}{\partial x_{0i}}$

Absolutglied $l'_i = l_i - f_i(x_{01}, x_{02}, ..., x_{0n}) = l_i - l_0$

Matrizenschreibweise

$$\mathbf{v} = \mathbf{A} \cdot \mathbf{x} - \mathbf{l}'; \mathbf{P}$$ mit $\mathbf{l}' = \mathbf{l} - \mathbf{l}_0$

$\mathbf{v}$ =	Verbesserungsvektor	v_i =	Verbesserung
$\mathbf{A}$ =	Koeffizientenmatrix	a_{ii} =	Koeffizienten
$\mathbf{x}$ =	Vektor der Unbekannten	x_i =	Unbekannte
$\mathbf{l}'$ =	gekürzter Absolutgliedvektor	l' =	Absolutglied
$\mathbf{P}$ =	Gewichtsmatrix	p =	Gewicht
$\mathbf{l}$ =	Meßwertvektor	l_i =	Meßwert
$\mathbf{l}_0$ =	Absolutgliedvektor	l_0 =	Näherungswert des Meßwerts

Berechnung der Normalgleichungen, der Gewichtsreziproken und der Unbekannten

aus dem Minimum der Quadratsumme der Verbesserungen folgt:
(v^TPv = Minimum)

Normalgleichungsmatrix	$\mathbf{N} = \mathbf{A}^T \cdot \mathbf{P} \cdot \mathbf{A}$
Gewichtsreziprokenmatrix	$\mathbf{Q} = \mathbf{N}^{-1}$
Absolutgliedvektor	$\mathbf{n} = \mathbf{A}^T \cdot \mathbf{P} \cdot \mathbf{l}'$
Vektor der Unbekannten	$\mathbf{x} = \mathbf{Q} \cdot \mathbf{n} = (\mathbf{A}^T \cdot \mathbf{P} \cdot \mathbf{A})^{-1} \cdot \mathbf{A}^T \cdot \mathbf{P}\,(\mathbf{l} - \mathbf{l}_0)$
Direkte Berechnung v^TPv	$\mathbf{v}^T \cdot \mathbf{P} \cdot \mathbf{v} = \mathbf{l}'^T \cdot \mathbf{P} \cdot \mathbf{l}' - \mathbf{n}^T \cdot \mathbf{x}$
Verbesserung	$\mathbf{v} = \mathbf{A} \cdot \mathbf{x} - \mathbf{l}'$
Ausgleichungsprobe	$\mathbf{A}^T \cdot \mathbf{P} \cdot \mathbf{v} = 0$
Schlußkontrolle	$\bar{\mathbf{l}} = \mathbf{l} + \mathbf{v} = \mathbf{A} \cdot \mathbf{x} + \mathbf{l}_0$
	$\bar{\mathbf{l}}$ = ausgeglichener Meßwert

Genauigkeit

Standardabweichung der Gewichtseinheit

$$s_0 = \sqrt{\frac{\mathbf{v}^T \cdot \mathbf{P} \cdot \mathbf{v}}{n - u}}$$

n = Anzahl der Messungen
u = Anzahl der Unbekannten

Standardabweichung der Unbekannten x_i

$$s_{x_i} = s_0 \cdot \sqrt{\mathbf{Q}_{x_i x_i}}$$

Standardabweichung der Messungen

- vor der Ausgleichung (a priori)

$$s_{l_i} = \frac{s_0}{\sqrt{p_i}}$$

p_i = *Gewicht der Messung*

- nach der Ausgleichung (a posteriori)

$$s_{\bar{l}_i} = s_0 \cdot \sqrt{\mathbf{Q}_{\bar{l}_i \bar{l}_i}}$$

$$\mathbf{Q}_{\bar{l}_i \bar{l}_i} = \mathbf{A} \cdot \mathbf{Q} \cdot \mathbf{A}^T$$

Redundanz

$r = n - u$ = Anzahl der Überbestimmungen = Freiheitsgrade

Punktbestimmung mit Strecken und Richtungen nach vermittelnden Beobachtungen

Verbesserungsgleichungen für Strecken

ausgeglichene Strecke $\bar{s}_{ik} = s_{ik} + v_{s_{ik}}$

nicht lineare Verbesserungsgleichung

$$v_{s_{ik}} = \sqrt{(x_k - x_i)^2 + (y_k - y_i)^2} - s_{ik}$$

linearisierte Verbesserungsgleichung

$$v_{s_{ik}} = -a_{1_{ik}} \cdot \Delta x_i - b_{1_{ik}} \cdot \Delta y_i + a_{1_{ik}} \cdot \Delta x_k + b_{1_{ik}} \cdot \Delta y_k - l'_{s_{ik}}$$

Streckenkoeffizienten $a_{1_{ik}} = \cos t_{ik_0} \qquad b_{1_{ik}} = \sin t_{ik_0}$

Absolutglied $l'_{s_{ik}} = s_{ik} - s_{ik_0}$

Bemerkung: wenn $\mathbf{P_i}$ = Festpunkt: $\Rightarrow \Delta x_i = \Delta y_i = 0$
wenn $\mathbf{P_k}$ = Festpunkt: $\Rightarrow \Delta x_k = \Delta y_k = 0$

y_i, x_i = *Koordinaten des Standpunkts*
y_k, x_k = *Koordinaten des Zielpunkts*
s_{ik} = *gemessene Strecke*
s_{ik_0} = *Strecke aus Näherungskoordinaten*
$\Delta y = y - y_0$
$\Delta x = x - x_0$

Verbesserungsgleichung für Richtungen

ausgeglichener Richtungswinkel $\bar{t}_{ik} = r_{ik} + \omega_i + v_{r_{ik}}$

nicht lineare Verbesserungsgleichung

$$v_{r_{ik}} = \arctan\left(\frac{y_k - y_i}{x_k - x_i}\right) - r_{ik} - \omega_i$$

linearisierte Verbesserungsgleichung

$$v_{r_{ik}} = -\Delta\omega_i - a_{2_{ik}} \cdot \Delta x_i - b_{2_{ik}} \cdot \Delta y_i + a_{2_{ik}} \cdot \Delta x_k + b_{2_{ik}} \cdot \Delta y_k - l'_{r_{ik}}$$

Richtungskoeffizient $a_{2_{ik}} = -\frac{b_{1_{ik}}}{s_{ik_0}} \cdot \text{rad} \qquad b_{2_{ik}} = +\frac{a_{1_{ik}}}{s_{ik_0}} \cdot \text{rad}$

Absolutglied $l'_{r_{ik}} = \omega_{i_0} - \left(t_{ik_o} - r_{ik}\right)$

Näherungswert der Orientierungsunbekannten $\omega_{i_0} = \frac{\left[t_{ik_0} - r_{ik}\right]}{n}$

r_{ik} = *gemessene Richtung*
ω_i = *Orientierungsunbekannte in* $\boldsymbol{P_i}$
t_{ik_0} = *Richtungswinkel zum Näherungspunkt*
n = *Anzahl der Messungen*

Punktbestimmung mit Strecken und Richtungen

Gewichtsansätze

$$p_s = 1 : s_0 = s_s \qquad p_r = \frac{s_s^2}{s_r^2}$$

$$p_r = 1 : s_0 = s_r \qquad p_s = \frac{s_r^2}{s_s^2}$$

s_0 = *Standardabweichung der Gewichtseinheit*
s_r = *Standardabweichung der Richtungen*
s_s = *Standardabweichung der Strecken*

Koeffizienten, Absolutglieder und Standardabweichung müssen alle die gleiche Dimension haben !

Berechnung der Normalgleichungen und der Unbekannten $\Delta x, \Delta y, \Delta\omega$

siehe Ausgleichungsrechnung allgemein:

$$x = x_0 + \Delta x \qquad y = y_0 + \Delta y \qquad \omega = \omega_0 + \Delta\omega$$

Berechnung der Verbesserungen

a) aus linearen Verbesserungsgleichungen
b) aus nicht linearen Verbesserungsgleichungen

Vergleich beider Verbesserungen (Schlußprobe)

Genauigkeit

a) $s_0, s_{x_i}, s_{l_i}, s_{\bar{l}_i}$ siehe Ausgleichungsrechnung allgemein

b) **Fehlerellipse**

Richtung der extremen Abweichung
Richtungswinkel der großen Halbachse der Fehlerellipse

$$\Theta = \frac{1}{2}\arctan\frac{2Q_{xy}}{Q_{xx} - Q_{yy}}$$

Größe der extremen Abweichung

$$s^2_{max,min} = \frac{s_0^2}{2}\left\{Q_{xx} + Q_{yy} \pm \sqrt{\left[Q_{xx} - Q_{yy}\right]^2 + 4Q_{xy}^2}\right\}$$

Standardabweichung der Punkte

$$s_P = \sqrt{s^2_{max} + s^2_{min}} = s_0 \cdot \sqrt{\left[Q_{xx} + Q_{yy}\right]} = \sqrt{s_x^2 + s_y^2}$$

Abweichung an einer beliebigen Richtung der Fehlerellipse

$$s_t = \sqrt{s^2_{max} \cdot \cos^2(t - \Theta) + s^2_{min} \cdot \sin^2(t - \Theta)}$$

wenn $s_{max} > 1,5\, s_{min}$, genügt Doppelkreis mit Radius $r_d = \frac{s_P^2}{2s_{max}}$

t = beliebiger Richtungswinkel

Höhennetzausgleichung nach vermittelnden Beobachtungen

Verbesserungsgleichung

$v_i = x_i - l_i'$ mit $l_i' = l_i - H_i$

v = Verbesserung
x = Höhe des Neupunktes
H = Höhe des Festpunktes
l = Beobachtung/gemessener Höhenunterschied
l' = Absolutglied

Vorzeichen von H_i bzw. $\mathbf{l}_0$

$H_i, \mathbf{l}_0$ negativ: $\Delta H_i = x_i - H_i$
$H_i, \mathbf{l}_0$ positiv: $\Delta H_i = H_i - x_i$

Verbesserungsgleichungen werden so aufgestellt, daß der Höhenunterschied stets positiv auftritt.

Matrizenschreibweise

$\mathbf{v} = \mathbf{A} \cdot \mathbf{x} + \mathbf{l}_0 - \mathbf{l}\,;\, \mathbf{P}$ oder $\mathbf{v} = \mathbf{A} \cdot \mathbf{x} - \mathbf{l}'$ mit $\mathbf{l}' = \mathbf{l} - \mathbf{l}_0$

v = Verbesserungsvektor
x = Vektor der Unbekannten
$\mathbf{l}_0$ = Absolutgliedvektor
l = Beobachtungsvektor
$\mathbf{l}'$ = gekürzter Absolutgliedvektor
P = Gewichtsmatrix

Gewichtsansätze

beim Nivellement $p = \frac{1}{s}$

bei trigonometrischer Höhenmessung $p = \frac{1}{s^2}$ oder $p = \frac{1}{\sqrt{s^3}}$

s = Entfernung

Berechnung der Normalgleichungen, der Unbekannten, der Verbesserungen und der Genauigkeit

siehe Ausgleichungsrechnung allgemein

Grundlagen der Statistik

Grundbegriffe der Statistik

Meßabweichungen

Fehler

falsche Ablesungen, Zielverwechslungen etc., die durch sorgfältige Arbeit vermieden werden und durch Kontrollmessungen aufgedeckt werden können

systematische Abweichung

- bekannte systematische Abweichungen (z. B. unzureichende Kalibrierung, Temperatureinflüsse) sollen durch Korrektionen beseitigt werden
- unbekannte systematische Abweichungen sind nur sehr schwer zu bestimmen

zufällige Abweichungen

nicht beherrschbare, nicht einseitig gerichtete Einflüsse während mehrerer Messungen am selben Meßobjekt innerhalb einer Meßreihe

Zufallsgrößen

X = Zufallsgröße

x_i = Beobachtungswert; Einzelwert für eine Zufallsgröße

L = Meßgröße; Zufallsgröße, deren Wert durch Messung ermittelt wurde

l_i = Meßwert; Einzelwert für eine Meßgröße

Parameter der Wahrscheinlichkeitsverteilung

Erwartungswert

$\mu_X = E(x)$

Schätzwert für μ_X = artihmetischer Mittelwert $\overline{x}$

Varianz

Varianz σ^2 ist ein Streuungsmaß für die zufällige Abweichung eines einzelnen Meßwertes vom Erwartungswert der Meßgröße

Standardabweichung

Standardabweichung σ ist die **positive** Wurzel der Varianz

Schätzwert für σ = empirische Standardabweichung s

Standardabweichung σ

Erwartungswert μ_X bekannt

zufällige Abweichung $\varepsilon_i = x_i - \mu_X$

Varianz $\sigma_X^2 = \frac{[\varepsilon_i \varepsilon_i]}{n}$ $n \to \infty$

Standardabweichung $\sigma_X = \sqrt{\frac{[\varepsilon_i \varepsilon_i]}{n}}$ $n \to \infty$

μ_X = Erwartungswert
x_i = Beobachtungswert; Meßwert
n = Anzahl der Beobachtungswerte

Standardabweichung s

Schätzwert für μ_X = arithmetischer Mittelwert $\overline{x}$ bekannt

arithmetischer Mittelwert $\overline{x} = \frac{[x_i]}{n}$

Verbesserung $v_i = \overline{x} - x_i$

(empirische) Varianz $s_X^2 = \frac{[v_i v_i]}{n-1}$

(empirische) Standardabweichung $s_X = \sqrt{\frac{[v_i v_i]}{n-1}}$

(empirische) Standardabweichung des Mittelwertes $s_{\overline{x}} = \frac{s_X}{\sqrt{n}}$

Freiheitsgrad (Redundanz) $f = n - u$

x_i = Beobachtungswerte
n = Anzahl der Beobachtungswerte
u = Anzahl der Unbekannten

Wahrscheinlichkeitsfunktionen

Standardisierte Normalverteilung N (0,1)

Wahrscheinlichkeitsverteilung einer Zufallsgröße X
mit Erwartungswert $\mu_X = 0$ und Varianz $\sigma_X^2 = 1$

standardisierte normalverteilte Zufallsvariable

$$u = \frac{\overline{X} - \mu_X}{\sigma_X}$$

Wahrscheinlichkeitsdichte $\varphi(u) = \frac{1}{\sqrt{2\pi}} \exp\left[-\frac{u^2}{2}\right]$

Verteilungsfunktion $\Phi(u) = P(X < u) = \int_{-\infty}^{u} \varphi(x) dx$

p-Quantil der standardisierten Normalverteilung $\Phi(u_p) = p$

u_p = Wert, für den die Verteilungsfunktion Φ(u) einer nach N (0,1) verteilten Zufallsgröße einen vorgegebenen Wert p annimmt

Einseitig begrenztes Intervall

$$\Phi(u_p) = P\left[-\infty < u < u_p\right]$$

Zweiseitig begrenztes Intervall

$$P\left[-u_{p_1} < u < u_{p_2}\right] = \Phi(u_{p_1}) - \left[1 - \Phi(u_{p_2})\right]$$

Symmetrisches Intervall

$$P\left[-u_p < u < u_p\right] = 2\Phi(u_p) - 1$$

$$\Phi(u_p) = \frac{P+1}{2}$$

u_p = Quantil der standardisierten Normalverteilung,
kann rückwärts aus der Tabelle 1 entnommen werden

Zweiseitige Quantilen der standardisierten Normalverteilung

p%	50,00	68,30	90,00	95,00	98,00	99,00	99,73	99,90
$\Phi(u_p)$	0,75	0,84	0,95	0,98	0,99	1,00	1,00	1,00
u_p	0,68	1,00	1,64	1,96	2,33	2,58	3,00	3,03

Vertrauensbereiche (Konfidenzbereiche)

Vertrauensniveau

$$P = 1 - \alpha$$

Anmerkung: Wenn nichts anders vereinbart ist, soll $1 - \alpha = 0{,}95$ benutzt werden.

Vertrauensintervall für den Erwartungswert μ

$$P\,(\,C_{\mu,u} \leq \mu_X \leq C_{\mu,o}\,) = 1 - \alpha$$

Vertrauensgrenzen - Standardabweichung σ_X bekannt
standardisierte Normalverteilung

untere Vertrauensgrenze

$$C_{\mu,u} = \overline{x} - u_P \cdot \frac{\sigma_X}{\sqrt{n}}$$

obere Vertrauensgrenze

$$C_{\mu,o} = \overline{x} + u_P \cdot \frac{\sigma_X}{\sqrt{n}}$$

Vertrauensgrenzen - Standardabweichung σ_X unbekannt
t - Verteilung

untere Vertrauensgrenze

$$C_{\mu,u} = \overline{x} - s_{\overline{x}} \cdot t_{f;1-\alpha/2}$$

obere Vertrauensgrenze

$$C_{\mu,o} = \overline{x} + s_{\overline{x}} \cdot t_{f;1-\alpha/2}$$

$\overline{x}$ = *Mittelwert der Meßwerte*
s_X = *empirische Standardabweichung*
n = *Anzahl der Meßwerte*
$s_{\overline{x}} = \frac{s_X}{\sqrt{n}}$

u_P = *Quantil der* ***standardisierten Normalverteilung***
$t_{f;p}$ = *Quantil der* ***t - Verteilung*** (Tabelle 2)

Vertrauensintervall für die Standardabweichung

$$P\,(\,C_{\sigma,u} \leq \sigma_X \leq C_{\sigma,o}\,) = 1 - \alpha$$

Vertrauensgrenzen

χ^2 - Verteilung

untere Vertrauensgrenze

$$C_{\sigma,u} = s_X \cdot \sqrt{\frac{f}{\chi^2_{f;1-\alpha/2}}}$$

obere Vertrauensgrenze

$$C_{\sigma,o} = s_X \cdot \sqrt{\frac{f}{\chi^2_{f;\alpha/2}}}$$

$\chi^2_{f;1-\alpha/2}$, $\chi^2_{f;\alpha/2}$ = *Quantile der* ***χ^2 - Verteilung*** (Tabelle 3)
f = n - 1 = Freiheitsgrade

Testverfahren

Testniveau: $\boxed{P = 1 - \alpha}$ α = Irrtumswahrscheinlichkeit

5% Signifikanz: $\alpha = 0{,}05$ 1% Hochsignifikanz: $\alpha = 0{,}01$

Signifikanzbeweise sind in 5% aller Fälle Fehlschlüsse
Hochsignifikanzbeweise sind in 1% aller Fälle Fehlschlüsse

Signifikanztest für den Mittelwert

t - Verteilung

Gegenüberstellung $\boxed{\text{Testgröße } t_f = \frac{\overline{x} - \mu_x}{s_{\overline{x}}} \Leftrightarrow \text{ Quantil der t - Verteilung } t_{f,p}}$

Nullhypothese $\boxed{\overline{x} = \mu_x}$ $\mu_x < \overline{x}$: einseitige Fragestellung ($1 - \alpha$)
$\mu_x >< \overline{x}$: zweiseitige Fragestellung ($1 - \alpha/2$)

Nullhypothese verwerfen $\boxed{t_f > t_{f,p}}$ d.h. $\overline{x}$ ist signifikant $>$ bzw $< \mu_x$

$\overline{x}$ = Mittelwert *μ_x = Erwartungswert*
$s_{\overline{x}}$ = empirische Standardabweichung des Mittelwertes
$t_{f,p}$ = Quantil der t - Verteilung (Tabelle 2) *f = Freiheitsgrade*
Beim Vergleich zweier Mittelwerte gilt:

$\overline{x} - \mu_x = \overline{x}_1 - \overline{x}_2$ $s_{\overline{x}}^2 = s_{\overline{x}_1}^2 + s_{\overline{x}_2}^2$ $f = f_1 + f_2$

Signifkanztest für Varianzen $s_1 > s_2$

F - Verteilung

Gegenüberstellung $\boxed{\text{Testgröße } \frac{s_1^2}{s_2^2} \Leftrightarrow \text{ Quantil der F - Verteilung } F_{f_1 f_2;p}}$

Nullhypothese $\boxed{\frac{s_1^2}{s_2^2} = 1}$ einseitige Fragestellung

Nullhypothese verwerfen $\boxed{\frac{s_1^2}{s_2^2} > F_{f_1,f_2;p} > 1}$ d.h. s_1^2 ist signifikant $> s_2^2$

s_1^2 = Varianz mit f_1 Freiheitsgraden *s_2^2 = Varianz mit f_2 Freiheitsgraden*
$F_{f_1,f_2;p}$ =Quantil der F - Verteilung(Tabelle 4)

Meßunsicherheit u

Das Meßergebnis aus einer Meßreihe ist der um die bekannte systematische Abweichung berichtigte Mittelwert $\bar{x}_E$ verbunden mit einem Intervall, in dem vermutlich der wahre Wert der Meßgröße liegt.

$$y = \bar{x}_E \pm u$$

Die Differenz zwischen der oberen Grenze dieses Intervalls und dem berichtigten Mittelwert bzw. der unteren Grenze dieses Intervalls wird als **Meßunsicherheit u** bezeichnet.

Die Meßunsicherheit setzt sich aus einer **Zufallskomponenten** u_Z und einer **systematischen Komponenten** u_S zusammen.

Zufallskomponente u_Z

Meßreihe unter Wiederholungsbedingungen bei unbekannter Wiederholstandardabweichung σ_r

$$u_Z = \frac{t}{\sqrt{n}} \cdot s$$

Meßreihe unter Wiederholbedingungen mit wenigen Einzelwerten bei bekannter Wiederholstandardabweichung σ_r

$$u_Z = \frac{t_\infty}{\sqrt{n}} \cdot \sigma_r$$

t = Quantil der t - Verteilung
n = Anzahl der Beobachtungswerte

Systematische Komponente u_S

kann im allgemeinen nur anhand ausreichender experimenteller Erfahrung abgeschätzt werden

Zusammensetzung der Komponenten zur Meßunsicherheit u

Lineare Addition $\quad u = u_Z + u_S \quad u_Z >> u_S$

Quadratische Addition $\quad u = \sqrt{u_Z^2 + u_S^2} \quad u_Z \approx u_S$

Besteht die Meßunsicherheit u nur aus der Zufallskomponenten , entspricht die Meßunsicherheit dem halben Vertrauensbereich.

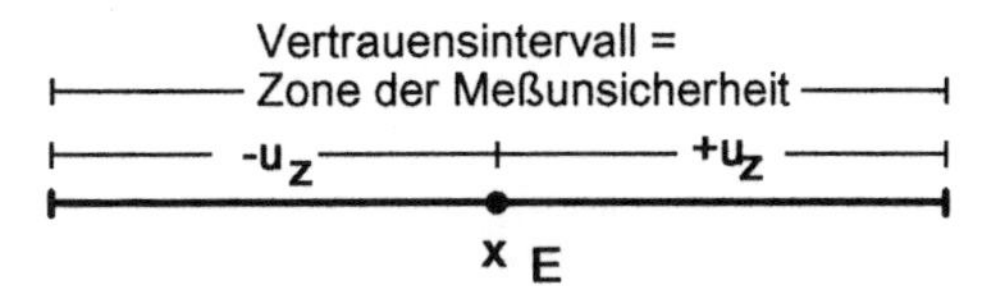

Toleranzen

Toleranzbegriffe

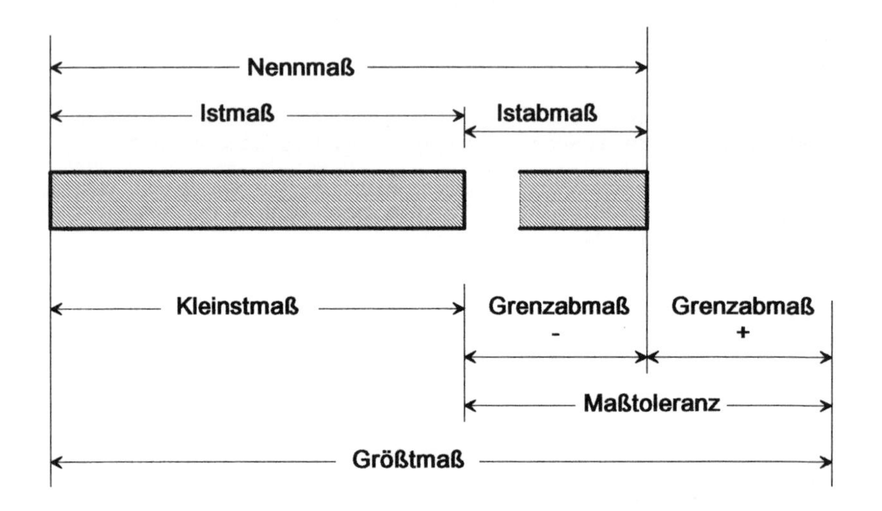

Nennmaß (Sollmaß):	Maß, das zur Kennzeichnung von Größe, Gestalt und Lage eines Bauteils oder Bauwerks angegeben und in Zeichnungen eingetragen wird
Istmaß:	Durch Messung festgestelltes Maß
Istabmaß:	Differenz zwischen Istmaß und Nennmaß
Größtmaß:	Das größte zulässige Maß
Kleinstmaß:	Das kleinste zulässige Maß
Grenzabmaß:	Differenz zwischen Größtmaß und Nennmaß oder Kleinstmaß und Nennmaß
Maßtoleranz:	Differenz zwischen Größtmaß und Kleinstmaß

Varianz aus Funktionen unabhängiger Beobachtungen -Varianzfortpflanzungsgesetz-

(Gaußsches Fehlerfortpflanzungsgesetz FFG)

Lineare Funktionen

a) $x = a_1 l_1 + a_2 l_2 + \ldots + a_n l_n$

$$s_x^2 = a_1^2 \cdot s_1^2 + a_2^2 \cdot s_2^2 + \ldots + a_n^2 \cdot s_n^2$$

b) $x = l_1 + l_2 + \ldots + l_n$

$$s_x^2 = s_1^2 + s_2^2 + \ldots + s_n^2$$

c) $x = l_1 + l_2 + \ldots + l_n$ und $s_1 = s_2 = s_n = s$

$$s_x^2 = n \cdot s^2$$

l_i = *Meßwert*
a_i = *Koeffizienten*
n = *Anzahl der Messungen*
s_i = *Standardabweichung einer Messung*

Nichtlineare Funktionen

$x = f(l_1, l_2 \ldots, l_n)$

a) Linearisierung durch das totale Differential
Gaußsches Fehlerfortpflanzungsgesetz

$$s_x^2 = \left\{\frac{\partial f}{\partial l_1}\right\}^2 \cdot s_1^2 + \left\{\frac{\partial f}{\partial l_2}\right\} 2 \cdot s_2^2 + \ldots + \left\{\frac{\partial f}{\partial l_n}\right\}^2 \cdot s_n^2$$

b) Linearisierung durch numerische Differentiation

1. $f(l_1, l_2, l_3) = A$

2. $f(l_1 + s_1, l_2, l_3) = B = A + \frac{\partial f}{\partial l_1} \cdot s_1$

3. $f(l_1, l_2 + s_2, l_3) = C = A + \frac{\partial f}{\partial l_2} \cdot s_2$

4. $f(l_1, l_2, l_3 + s_3) = D = A + \frac{\partial f}{\partial l_3} \cdot s_3$

$$s_x^2 = (B - A)^2 + (C - A)^2 + (D - A)^2$$

l_i = *Meßwert*
n = *Anzahl der Messungen*
s_i = *Standardabweichung einer Messung*

Varianz aus Funktionen gegenseitig abhängiger (korrelierter) Beobachtungen - Kovarianzfortpflanzungsgesetz

(Allgemeines Fehlerfortpflanzungsgesetz)

Funktion $y = f(x_1, x_2, ..., x_n)$

Varianz der Funktion y

$$s_y^2 = \left[\frac{\partial f}{\partial x_1}\right]^2 \cdot s_1^2 + \left[\frac{\partial f}{\partial x_2}\right]^2 \cdot s_2^2 + ... + \left[\frac{\partial f}{\partial x_n}\right]^2 \cdot s_n^2 + 2\left[\frac{\partial f}{\partial x_1} \cdot \frac{\partial f}{\partial x_2} \cdot s_{12} + \frac{\partial f}{\partial x_1} \cdot \frac{\partial f}{\partial x_3} \cdot s_{13} + ... + \frac{\partial f}{\partial x_{n-1}} \cdot \frac{\partial f}{\partial n} \cdot s_{n-1,n}\right]$$

$$s_y^2 = s_0^2 \cdot q_{yy}$$

s_i = *Standardabweichungen* , $s_{12}, ... s_{n-1,n}$ = *Kovarianzen*
q_{yy} = *Gewichtsreziproke der Funktion y*

Matrizenschreibweise

m - dimensionaler Vektor **y** = Funktion des n - dimensionalen Vektors **x**

Funktion $$\mathbf{y} = \mathrm{f}(\mathbf{x}) = \begin{bmatrix} f_1(\mathbf{x}) \\ f_2(\mathbf{x}) \\ \vdots \\ f_n(\mathbf{x}) \end{bmatrix}$$

Kovarianzmatrix der Funktion **y** $\Sigma_{yy} = \mathbf{F} \cdot \Sigma_{xx} \cdot \mathbf{F}^{\mathrm{T}}$

Die partiellen Ableitungen der Operators f(**x**) werden zusammengefaßt in der

Funktionsmatrix $$\mathbf{F} = \begin{bmatrix} \frac{\partial f_1}{\partial x_1} & \frac{\partial f_1}{\partial x_2} & \cdots & \frac{\partial f_1}{\partial x_n} \\ \frac{\partial f_2}{\partial x_1} & \frac{\partial f_2}{\partial x_2} & \cdots & \frac{\partial f_2}{\partial x_n} \\ \vdots & & & \\ \frac{\partial f_m}{\partial x_1} & \frac{\partial f_m}{\partial x_2} & \cdots & \frac{\partial f_m}{\partial x_n} \end{bmatrix}$$

Kovarianzmatrix von ***x***

$$\Sigma_{xx} = s_0^2 \cdot \mathbf{Q}_{xx} = \begin{bmatrix} s_1^2 & s_{12} & \cdots & s_{1n} \\ s_{21} & s_2^2 & \cdots & s_{2n} \\ \vdots & & & \\ s_{n1} & s_{n2} & \cdots & s_n^2 \end{bmatrix}$$

Kofaktorenmatrix

$$\mathbf{Q}_{xx} = \begin{bmatrix} q_{11} & q_{12} & \cdots & q_{1n} \\ q_{21} & q_{22} & \cdots & q_{2n} \\ \vdots & & & \\ q_{n1} & q_{n2} & \cdots & q_{nn} \end{bmatrix}$$

Standardabweichung aus direkten Beobachtungen

mit gleicher Genauigkeit

Einfaches arithmetisches Mittel $\bar{l} = \frac{[l_i]}{n}$

Standardabweichung einer Beobachtung $s = \sqrt{\frac{[v_i v_i]}{n-1}}$

Standardabweichung des arithmetischen Mittels $s_{\bar{l}} = \frac{s}{\sqrt{n}}$

mit verschiedener Genauigkeit

Allgemeines arithmetisches Mittel $\bar{l} = \frac{[l_i p_i]}{[p_i]}$

Standardabweichung vom Gewicht 1

$$s_0 = \sqrt{\frac{[p_i v_i v_i]}{n-1}}$$

Standardabweichung vom Gewicht p_i

$$s_i = \frac{s_0}{\sqrt{p_i}}$$

Standardabweichung des arithmetischen Mittels $s_{\bar{l}} = \frac{s_0}{\sqrt{[p_i]}}$

l_i = Meßwert
n = Anzahl der Messungen
$v_i = \bar{l} - l_i$ Probe: $[v_i] = 0$ bzw. $[v_i p_i] = 0$
p_i = Gewicht

Standardabweichung aus Beobachtungsdifferenzen (Doppelmessung)

mit gleicher Genauigkeit

Standardabweichung der Einzelmessung

$$s = \sqrt{\frac{[d_i d_i]}{2n}}$$

Standardabweichung der Doppelmessung

$$s_M = \sqrt{\frac{[d_i d_i]}{4n}} = \frac{s}{\sqrt{2}}$$

mit verschiedener Genauigkeit

Standardabweichung vom Gewicht 1

$$s_0 = \sqrt{\frac{[d_i d_i p_i]}{2n}}$$

Standardabweichung der der Doppelmessung

$$s_M = \sqrt{\frac{[d_i d_i p_i]}{4n}} = \frac{s_0}{\sqrt{2}}$$

d_i = Differenz zwischen Hin und- Rückmessung *n = Anzahl der Messungen*

Gewichte - Gewichtsreziproke

Gewichte

$$p_1 : p_2 : ... : p_n : 1 = \frac{1}{s_1^2} : \frac{1}{s_2^2} : ... : \frac{1}{s_n^2} : \frac{1}{s_0^2} \quad \Rightarrow \quad \frac{p_1}{p_2} = \frac{s_2^2}{s_1^2}$$

Gewicht p_i

$$p_i = \frac{s_0^2}{s_i^2} \qquad s_i^2 = \frac{s_0^2}{p_i}$$

Gewichtsfortpflanzungsgesetz

Funktion $x = a_1 l_1 + a_2 l_2 + ... + a_n l_n$

Gewicht der Funktion

$$\frac{1}{p_x} = \frac{s_x^2}{s_0^2} = \frac{a_1^2}{p_1} + \frac{a_2^2}{p_2} + ... + \frac{a_n^2}{p_n}$$

s_i = *Standardabweichung*
s_0 = *Standardabweichung vom Gewicht 1 , Gewichtseinheitsfehler*
a_i = *Koeffizienten*
l_i = *Meßwerte*

Gewichtsreziproke

$$q_1 : q_2 : ... : q_n : 1 = s_1^2 : s_2^2 : ... : s_n^2 : s_0^2 \quad \Rightarrow \quad \frac{q_1}{q_2} = \frac{s_1^2}{s_2^2}$$

Gewichtsreziproke q_i

$$q_i = \frac{s_i^2}{s_0^2} \qquad s_i^2 = s_0^2 \cdot q_i$$

Kofaktorenfortpflanzungsgesetz

Funktion $x = a_1 l_1 + a_2 l_2 + ... + a_n l_n$

Gewichtsreziproke der Funktion

$$q_{xx} = \frac{s_x^2}{s_0^2} = a_1^2 \cdot q_1 + a_2^2 \cdot q_2 + ... + a_n^2 \cdot q_n$$

s_i = *Standardabweichung*
s_0 = *Standardabweichung vom Gewicht 1*
a_i = *Koeffizienten*
l_i = *Meßwerte*

Tabellen von Wahrscheinlichkeitsverteilungen

Tabelle 1

Verteilungsfunktion der standardisierten Normalverteilung

u_p	0,00	0,01	0,02	0,03	0,04	0,05	0,06	0,07	0,08	0,09
0,0	,500000	,503989	,507978	,511966	,515953	,519938	,523922	,527903	,531881	,535856
0,1	,539828	,543795	,547758	,551717	,555670	,559618	,563560	,567495	,571424	,575345
0,2	,579260	,583166	,587064	,590954	,594835	,598706	,602568	,606420	,610261	,614092
0,3	,617911	,621720	,625616	,629300	,633072	,636831	,640576	,644309	,648027	,651732
0,4	,655422	,659097	,662757	,666402	,670031	,673645	,677242	,680822	,684386	,587933
0,5	,691462	,694974	,698468	,702944	,705402	,708840	,712260	,715661	,719043	,722405
0,6	,725747	,729069	,732371	,735653	,738914	,742154	,745373	,748571	,751748	,754903
0,7	,758036	,761148	,764238	,767305	,770350	,773373	,776373	,779350	,782305	,785236
0,8	,788145	,791030	,793892	,796731	,799546	,802238	,805106	,807850	,810570	,813267
0,9	,815940	,818589	,821214	,823814	,826391	,828944	,831472	,833977	,836457	,838913
1,0	,841345	,843752	,846136	,848495	,850830	,853141	,855428	,857690	,859929	,862143
1,1	,864334	,866500	,868643	,870762	,872857	,874928	,876976	,879000	,881000	,882977
1,2	,884930	,886861	,888768	,890651	,892512	,894350	,896165	,897958	,899727	,901475
1,3	,903200	,904902	,906582	,908241	,909877	,911492	,913085	,914656	,916207	,917736
1,4	,919243	,920730	,922196	,923642	,925066	,926471	,927855	,929219	,930563	,931889
1,5	,933193	,934478	,935744	,936992	,938220	,939429	,940620	,941792	,942947	,944083
1,6	,945201	,946301	,947384	,948449	,949497	,950528	,951543	,952540	,953521	,954486
1,7	,955434	,956367	,957284	,958185	,959070	,959941	,960796	,961636	,962462	,963273
1,8	,964070	,964852	,965620	,966375	,967116	,967843	,968557	,969258	,969946	,970621
1,9	,971283	,971933	,972571	,973197	,973810	,974412	,975002	,975581	,976148	,976704
2,0	,977250	,977784	,978308	,978822	,979325	,979818	,980301	,980774	,981237	,981691
2,1	,982136	,982571	,982997	,983414	,983823	,984222	,984614	,984997	,985371	,985738
2,2	,986097	,986447	,986791	,987126	,987454	,987776	,988089	,988369	,988696	,988989
2,3	,989276	,989556	,989830	,990097	,990358	,990613	,990862	,991106	,991344	,991576
2,4	,991802	,992024	,992240	,992451	,992656	,992857	,993053	,993244	,993431	,993613
2,5	,993790	,993963	,994132	,994297	,994457	,994614	,994766	,994915	,995060	,995201
2,6	,995339	,995473	,995604	,995731	,995855	,995975	,996093	,996207	,996319	,996427
2,7	,996533	,996636	,996786	,996833	,996928	,997020	,997110	,997197	,997282	,997365
2,8	,997445	,997523	,997599	,997673	,997744	,997814	,997882	,997948	,998012	,998074
2,9	,998134	,998193	,998250	,998305	,998359	,998411	,998462	,998511	,998559	,998605
	0,0	0,1	0,2	0,3	0,4	0,5	0,6	0,7	0,8	0,9
3,0	,998650	,999032	,999313	,999517	,999663	,999767	,999841	,999892	,999928	,999952

Tabelle 2

Quantilen der t - Verteilung nach *"Student"* $t_{f,p}$

p = 1 - α / f	0 ,841	0 ,90	0,95	0,975	0,99	0,995	0,9995
1	1,84	3,08	6,31	12,71	31,8	63,66	636,62
2	1,32	1,89	2,92	4,3	6,96	9,92	31,6
3	1,2	1,64	2,35	3,18	4,54	5,84	12,94
4	1,14	1,53	2,13	2,78	3,74	4,6	8,61
5	1,11	1,48	2,02	2,57	3,36	4,03	6,86
6	1,09	1,44	1,94	2,45	3,14	3,71	5,96
7	1,08	1,41	1,89	2,37	3	3,5	5,41
8	1,07	1,4	1,86	2,31	2,9	3,36	5,04
9	1,06	1,38	1,83	2,26	2,82	3,25	4,78
10	1,05	1,37	1,81	2,23	2,76	3,17	4,58
15	1,03	1,34	1,75	2,13	2,6	2,95	4,07
20	1,02	1,33	1,72	2,09	2,53	2,85	3,85
25	1,02	1,32	1,71	2,06	2,49	2,79	3,72
30	1,02	1,31	1,7	2,04	2,46	2,75	3,65
40	1,01	1,3	1,68	2,02	2,42	2,7	3,5
∞	1	1,28	1,64	1,96	2,33	2,58	3,29

Tabelle 3

Quantilen der χ^2 - Verteilung

$\chi^2_{f,\alpha/2}, \chi^2_{f,1-\alpha/2}$

	α = 0,05		α = 0,01	
p	α/2	1-α/2	α/2	1-α/2
f	0,025	0,975	0,005	0,995
1	0,001	5, 02	0	7,88
2	0,051	7,38	0,010	10,60
3	0,216	9,35	0,072	12,84
4	0,484	11,14	0,207	14,86
5	0,831	12,8	0,412	16,7
6	1,24	14,45	0,676	18,55
7	2,17	16	0,989	20,30
8	2,18	17,54	1,34	21,96
9	2,7	19,00	1,73	23,6
10	3,25	20,84	2,16	25,19
20	9,69	23,17	7,34	40
30	16,79	46,98	13,79	53,67
40	24,43	59,34	20,71	66,77
50	32,36	71,42	27,99	79,49
100	74,22	129,56	67,33	140,17

Tabelle 4

Quantilen der F - Verteilung $F_{f_1,f_2;p}$

1-α	f1 / f2	3	4	5	6	8	10	15	20	50	100	∞
0,95	3	9,3	9,1	9,0	8,9	8,8	8,8	8,7	8,7	8,6	8,6	8,5
0,99		29,5	28,7	28,2	27,9	27,5	27,2	26,9	26,7	26,4	26,2	26,1
0,95	4	6,6	6,4	6,3	6,2	6,0	6,0	5,9	5,8	5,7	5,7	5,6
0,99		16,7	16,0	15,5	15,2	14,8	14,5	14,2	14,0	13,7	13,6	13,5
0,95	5	5,4	5,2	5,0	5,0	4,8	4,7	4,6	4,6	4,4	4,4	4,4
0,99		12,1	11,4	11,0	10,7	10,3	10,1	9,7	9,6	9,2	9,1	9,0
0,95	6	4,8	4,5	4,4	4,3	4,2	4,1	3,9	3,9	3,8	3,7	3,7
0,99		9,8	9,2	8,8	8,5	8,1	7,9	7,6	7,4	7,1	7,0	6,9
0,95	8	4,1	3,8	3,7	3,6	3,4	3,4	3,2	3,2	3,0	3,0	2,9
0,99		7,6	7,0	6,6	6,4	6,0	5,8	5,5	5,4	5,1	5,0	4,9
0,95	10	3,7	3,5	3,3	3,2	3,1	3,0	2,8	2,8	2,6	2,6	2,5
0,99		6,6	6,0	5,6	5,4	5,1	4,8	4,6	4,4	4,1	4,0	3,9
0,95	15	3,3	3,1	2,9	2,8	2,6	2,5	2,4	2,3	2,2	2,1	2,1
0,99		5,4	4,9	4,6	4,3	4,0	3,8	3,5	3,4	3,1	3,0	2,9
0,95	20	3,1	2,9	2,7	2,6	2,4	2,4	2,2	2,1	2,0	1,9	1,8
0,99		4,9	4,4	4,1	3,9	3,6	3,4	3,1	3,0	2,6	2,5	2,4
0,95	100	2,7	2,5	2,3	2,2	2,0	1,9	1,8	1,7	1,5	1,4	1,3
0,99		4,0	3,5	3,2	3,0	2,7	2,5	2,2	2,1	1,7	1,6	1,4
0,95	∞	2,6	2,4	2,2	2,1	1,9	1,8	1,7	1,6	1,4	1,2	1,0
0,99		3,8	3,3	3,0	2,8	2,5	2,3	2,0	1,9	1,5	1,4	1,0

Literaturhinweise

Baumann, *Eberhard:*

Vermessungskunde: Lehr- und Übungsbuch für Ingenieure
Band 1: Einfache Lagemessung und Nivellement, 4. Auflage 1994
Band 2: Punktbestimmung nach Lage und Höhe, 5. Auflage 1995
Bonn: Ferd. Dümmler

Fröhlich, *Hans :*

Vermessungstechnische Handgriffe, 4. Auflage 1995
Bonn: Ferd. Dümmler

Hennecke, Fritz; ***Meckenstock***, Hanns J. und ***Pollmer***, Gottfried:

Vermessung im Bauwesen, 9. Auflage 1993
Bonn: Ferd. Dümmler

Herrmann, *Franz:*

Gradientenformeln
Formelsammlung zum Berechnen von Kuppen und Wannen
Bonn: Ferd. Dümmler, 1971

Joeckel, *Rainer;* ***Stober***, *Manfred:*

Elektronische Entfernungs- und Richtungsmessung, 3. Auflage 1995
Stuttgart: Wittwer

Kahmen, *Heribert:*

Vermessungskunde, 18. völlig neubearbeitete und erweiterte Auflage 1993
Berlin: W de Gruyter

Kasper, *Hugo;* ***Schürba***, *Walter und* ***Lorenz***, *Hans:*

Die Klotoide als Trassierungselement, 5. Auflage 1968
Bonn: Ferd. Dümmler. Vergriffen

Volquardts, *Hans;* ***Matthews***, *Kurt:*

Teil 1: 26. Auflage 1985; Teil 2: 15. Auflage 1986
Stuttgart: Teubner

Vermessungswesen: Normen (DIN Taschenbuch 111)

6. Auflage 1996; Berlin: Beuth

Witte, *Bertold und* ***Schmidt***, *Hubert:*

Vermessungskunde und Grundlagen der Statistik für das Bauwesen
3. Auflage 1996
Stuttgart: Wittwer 1989

Stichwortverzeichnis

K

L

M

N

O

P

Vermessungskunde.

Lehr- und Übungsbuch für Ingenieure. Von E. BAUMANN

In beiden Bänden hat der Autor die für die Praxis notwendigen Grundlagen für die Fächer Vermessungskunde und Ausgleichungsrechnung auf möglichst einfache Weise dargestellt und durch charakteristische Beispiele transparent gemacht. Eine große Hilfe für die Einarbeitung und Vertiefung stellen 80 (in jedem Band 40) vollständig bearbeitete und durchgerechnete praktische Aufgaben dar. – Besonderes Augenmerk wird auf Fragen der EDV im Vermessungswesen gelegt.

Band 1: Einfache Lagemessung und Nivellement. NEU

4., bearb. und erweiterte Aufl. 1994. 256 Seiten. 228 Abb. Format 17 x 24 cm. Kart. DM 36,80. ISBN 3-427-**7904**4-4 (Dümmlerbuch 7904)

Band 1 bringt neben den knapp gehaltenen, klassischen Meßverfahren wie der direkten Längenmessung und der Messung fester rechter Winkel, als Hauptthemen die Auswertung einfacher Messungen, die Fehlerlehre sowie das geometrische Nivellement.

Als Hilfsmittel in der Rechentechnik ist heutzutage der Computer nicht mehr wegzudenken. Dieser Tatsache Rechnung tragend enthält Band 1 eine Einführung in die Programmiersprache BASIC, so daß der Leser anhand charakteristischer Beispiele in die Lage versetzt wird, eigene Programme zu erstellen.

Aus dem Inhalt von Band 1: Übersicht über die Geodäsie (Seite 1–9); 2. Grundlagen der Geodäsie (10–24); 3. Ebene u. sphärische Triogonometrie (25–49); 4. Einführung in die EDV (50–71); 5. Direkte Längenmessung, Absetzen Rechter Winkel (72–83); 6. Absteckung und Aufnahme (84–97); 7. Auswertung von Lagemessungen (98–115); 8. Flächenberechnung (116–123); 9. Berechnung u. Abstechung v. Kreisbögen (124–133); 10. Beurteilung von Meßergebnissen (134–175); 11. Geometrisches Nivellement (176–216); 12. Geländeaufnahme u. ihre Bearbeitung (217–238); Vorspann, Anhang (Seite I–XVIII).

Band 2: Punktbestimmung nach Höhe und Lage. NEU

5., bearb. u. erw. Aufl. 1995. 324 S. 198 Abb. Format 17 x 24 cm. Kart. DM 39,80. ISBN 3-427-**7905**5-5 (Dümmlerbuch 7905)

Die Berechnung von Höhennetzen wird an mehreren Beispielen gezeigt, wobei auch die Suche grober Fehler enthalten ist. Zur Lagebestimmung werden Vergleiche angestellt, zum Beispiel wird ein und derselbe Punkt durch Strecken, Richtungen und gemeinsam bestimmt oder in einem anderen Falle sowohl durch Transformation als auch durch klassische Ausgleichung. Neben den noch aktuellen klassischen Themen werden folg. Stichworte abgehandelt: Freie Stationierung, Transformation mit Hilfe von drei bis sechs Parametern, Lagerung eines Netzes, räumliche Punktbestimmung. Der neueste Stand der Satellitenmeßtechnik wird auf über 40 S. ausführlich dargestellt. Für die Auswertung werden Programmier-Bausteine gegeben, die auf dem PC eingesetzt werden können.

Aus dem Inhalt von Band 2: Ausgleichung linearer Aufgaben (47 Seiten); Richtungs- und Winkelmessung (26 Seiten); Optische Streckenmessung (8 Seiten); Klassische Tachymetrie (8 Seiten); Elektronische Distanzmessung (20 Seiten); Indirekte Messungen (14 Seiten); Polygonierung (12 Seiten); Trigonometrische Höhenmessung (14 Seiten); Trassieren mit Klotoiden (12 Seiten); Ebene Transformationen (34 Seiten); Punktbestimmung durch Trilateration und Triangulation (72 Seiten); Punktbestimmung mit Hilfe von Satelliten (44 Seiten); Stichwortverzeichnis (3 Seiten).

Geodätische Rechenübungen.

Von H. WITTKE

200 Aufgaben aus Examen und Praxis mit Lösungen und Lösungswegen zum Selbststudium. Für Fortgeschrittene und Anfänger.

5. Auflage. 1983/94. DIN A5. Kart. DM 19,80. ISBN 3-427-**7902**5-8 (7902)

„Hier werden dem Lernenden 200 ausgewählte Aufgaben gestellt, die von einfachen Proportionsrechnungen bis zur Triangulation einen repräsentativen Querschnitt durch die niedere Geodäsie bieten. Zur Kontrolle werden die Ergebnisse und als besondere Hilfe in einem von den Aufgaben getrennten Abschnitt für 150 Aufgaben die Lösungswege mitgeteilt. Die Rechenübungen sind ein Buch für die Praxis. Allen Praktikern seien sie warm empfohlen."

Mitteilungsblatt des Bundes der öffentl. bestellten Vermessungsingenieure

FERD. DÜMMLERS VERLAG, Postfach 14 80, 53004 BONN

Deterministische und stochastische Signale **NEU**

mit Anwendungen in der digitalen Bildverarbeitung.
Von K. R. KOCH/M. SCHMIDT.
360 S. 47 Abb. Format: 16,5x24 cm. DM 68,–. April 1994
ISBN 3-427-**7891**1-X (Dümmlerbuch 7891)

Aus dem Inhalt des neuen KOCH/SCHMIDT: 1. Einleitung, 2. Deterministische Signale: Eindimensionale Signale und lineare Systeme, Eindimensionale digitale lineare Filter, Mehrdimensionale Signale und lineare Systeme, Zweidimensionale digitale Filter (155 S.). 3. Stochastische Signale: Eindimensionale Zufallsprozesse, Spezielle Zufallsprozesse, Schätzungen von Momentfunktionen, Schätzungen des Spektrums, Schätzungen in speziellen Modellen, Zufallsfelder, Spezielle Zufallsfelder, Schätzungen für zweidimensionale Zufallsfelder (159 S.). Literatur (8 S.). Sachverzeichnis.

Ausgleichungsrechnung I + II **NEU**

Von H. WOLF. 2 Bände. Berichtigter Nachdruck der lange vergriffenen und auf vielfachen Wunsch jetzt nachgedruckten Ausgaben von 1978.

Band I: Formeln zur praktischen Anwendung
2. Aufl. Febr. 1994. 336 S. 3 Abb. DM 38,–
ISBN 3-427-**7835**2-9 (Dümmlerbuch 7835)

Band II: Aufgaben und Beispiele zur praktischen Anwendung
2. Aufl. Febr. 1994. 368 S. 79 Abb. DM 38,–
ISBN 3-427-**7836**2-9 (Dümmlerbuch 7836)

Die Ausgleichungsrechnung ist vorwiegend von ihren Anwendungen bestimmt – und findet ihre Rechtfertigung durch den praktischen Gebrauch. Diesem Gesichtspunkt tragen die beiden Bände von H. Wolf in besonderem Maße Rechnung: sie werden dem Studenten ein wertvolles Hilfsmittel bei Übungsaufgaben/Prüfungsvorbereitungen sein, aber auch dem Praktiker bei der Lösung einschlägiger Aufgaben Auskunft geben können – nicht zuletzt durch das ausführliche Namen- und Sachverzeichnis.

Vermessung im Bauwesen

Von F. HENNECKE/H. J. MECKENSTOCK/G. POLLMER **NEU**

Grundlagen, Techniken, Beispiele. Für Architekten, Bau- und Vermessungsingenieure. 10., durchgesehene Aufl. 1994. 176 Seiten mit 158 Bildern und 21 Tabellen. 14,8x21 cm. Kart. 29,80 DM. ISBN 3-427-**7874**1-9 (Dümmlerbuch 7874)

Dieses zuvor im Verlag für Bauwesen (Berlin) in acht Auflagen ersch. und in der Aus- u. Fortbildung so erfolgreiche Fachbuch ersch. ab seiner 9. Aufl. bei Dümmler und ersetzt dort das Werk von K. Herrmann, Bautechnische Vermessung. Dessen 9. Aufl. (Dümmlerbuch 7872) ist restlos vergriffen.

Aus dem Inhalt des Hennecke/Meckenstock/Pollmer:
1. Lagemessungen (S.7–40); **2.** Höhenmessungen (S. 41–77); **3.** Herstellung von Lage- u. Höhenplänen (S. 78–108); **4.** Anwendungsbeispiele der Vermessung im Bauwesen (S. 109–167); Anhang (Tabellen, Literatur, Register) (S. 168–176).

Tabellenbuch Bautechnik

DÜMMLER · BONN

FRIEDRICH: Tabellenbuch Bautechnik **NEU**

Technologie-Technische Mathematik – Technisches Zeichnen
311.–330. Aufl. Völlig überarb. u. erw. von GIPPER/LABUDE/LAYER/LOHSE/SCHEURMANN/SEIDEL/STIEBELER/WIEDEMANN. Hrsg. A. TEML/A. LIPSMEIER. 416 S. DIN A 5. Zahlr. Abb. Zweifarbig. Kartoniert. Abwaschbarer Polyleinen-Umschlag. 1996. DM 48,–
ISBN 3-427-**5402**3-5 (Dümmlerbuch 5402)

Aus dem Inhalt des FRIEDRICH: Tabellenbuch Bautechnik
1. Math. Grundlagen (12 Seiten); **2.** Physik und chem. Grundlagen (24 S.); **3.** Baustoffe (69 S.); **4.** Statik- und Festigkeitslehre (36 S.); **5.** Techn. Zeichnen (22 S.); **6.** Baukonstruktionen (68 S.); **7.** Schutzmaßnahmen (32 S.); **8.** Vermessung u. Absteckung (10 S.); **9.** Straßenbau (56 S.); **10.** Arbeits- und Umweltschutz (18 S.); **11.** Baubetrieb (24 S.); **12.** Baugesetze u. Vorschriften (8 S.); **13.** Baustile (12 S.); **14.** Anhang: Verz. der behand. Normen u. Vorschriften (3 S.); Register (11 S.).

In gleicher Anlage und Ausstattung sind lieferbar:

FRIEDRICH: Tabellenbuch Metall- und Maschinentechnik
1132.–1150. Aufl. 1993. 464 S. DM 42,– ISBN 3-427-**5103**2-8 (5103)

FRIEDRICH: Tabellenbuch Elektrotechnik/Elektronik
527.–552. Aufl. 1993. 472 S. DM 48,– ISBN 3-427-**5302**4-8 (5302)

FRIEDRICH: Tabellenbuch Holztechnik **NEU**
1.–10. Aufl. 1994. 416 S. DM 42,– ISBN 3-427-**5410**1-0 (5410)

FRIEDRICH: Tabellenbuch Informations- u. Kommunikations-Technik **NEU**
1.–10. Aufl. Ersch. 1996. Ca. 540 S. Ca. DM 56,– ISBN 3-427-**5310**1-5 (5310)

DÜMMLER^S Verlag
Postfach 14 80
53004 Bonn